U0060560

Wide

Wide

秀色可餐？

所謂的新鮮和健康，
都是一場精心設計

Visualizing Taste

How Business Changed
the Look of
What You Eat

久野愛 著

閻翊均 譯

Contents

第六章　天然，新鮮，假食物

第七章　展示、包裝新鮮

第八章　對天然的重新想像

第九章　吸睛，就是吸客

各界推薦

「商業史學者久野愛的書,揭露了食品業不為人知的祕辛,揭示了企業如何運用商業策略,透過合成色素控制食物的顏色,刺激消費者的感官欲望,進而使人們暴露在可能的健康風險之中。」

——DK,YouTube頻道「異色檔案」主持人

「食用原型食物、追求健康安全,一直以來是我們飲食的基本訴求。《秀色可餐?》一書呈現了企業如何透過商業策略,引導消費者的感官知覺,讓加工過的食物看似『天然』『新鮮』,並以數據標準為佐,篩選供給消費者的食物,讓我們重新檢視『眼見』是否『為憑』。」

——招名威,毒理醫學專家

「美食的三大條件是『色、香、味』俱全,而100多年來,由於化學工業的蓬勃發展,合成色素、合成香料,大量被應用在加工食品當中,使得現代人更加依賴視覺感官,影響了大眾挑選食物的決策方向。此書鉅細靡遺地解析了人造色素的近代發展史,值得重視,希望能藉此喚醒大眾,對於現代美食的面貌多一份質疑與認識。」

——陳俊旭,美國自然醫學博士

「久野愛的著作《秀色可餐？》充滿了豐富的質感與繽紛的特質，我們將會在本書中看見，許多人原以為是『自然』食物的特質，其實是歷史和文化構建出來的。本書強調了感官的歷史在資本主義和現代消費的發展中，扮演了多重要的角色。這是一本充滿原創性、令人著迷又具有啟發性的著作。」

——丹尼爾・霍洛維茲（Daniel Horowitz），《更快樂？推動了美國轉型的文化運動史》（*Happier? The History of a Cultural Movement That Aspired to Transform America*）作者

「本書以食品顏色做為重要範例，利用引人入勝的分析解釋了20世紀的商業策略如何運用人類的感官。《秀色可餐？》推動我們去思考，顏色對生產者和消費者來說代表了什麼。」

——蘇珊・史特拉瑟（Susan Strasser），《保證滿意：美國大眾市場的形成》（*Satisfaction Guaranteed: The Making of the American Mass Market*）作者

「眼見為憑，對吧？等等，別那麼快就下定論。久野愛在這本極具原創性的著作中，以細膩的方式描述了『感官資本主義』的歷史，讓我們看見美國食品業如何教導消費者，

將特定食品的顏色連結到食品的新鮮度、真實性和安全性上。食品銷售商按照商業需求殖民了我們的感知，從根本上改變了我們對自然、健康、美麗和真相的想法。」

——沃倫‧貝拉史柯（Warren Belasco），《變革的胃口：反主流文化如何影響食品業》（*Appetite for Change: How the Counterculture Took On the Food Industry*）作者

「《秀色可餐？》對商業史與感知史做出了重大貢獻，作者調查了各種對如今食品視覺呈現方式產生影響的因素，其中也包括了政府法規。久野愛在本書中對顏色代碼的批判性質問將會使你感到耳目一新。」

——大衛‧豪斯（David Howes），康克迪亞大學（Concordia University）社會與人類學教授

「在有關感官行銷與感官品牌的當代討論中，久野的書提供了令人信服的歷史切入視角。」

——約翰‧奎爾區（John Quelch），邁阿密大學商學院（University of Miami Business School）教授

【推薦序】
天然食品可能只是視覺上的天然？

文長安

　　我們常說食品要「色、香、味」俱全，這告訴我們，人們對美食的第一印象就是，食物的顏色要漂亮，要能吸引人，這觀念在產、官、學、民都已根深柢固。

　　剛開始閱讀本書，我就被這本書的一句話給震攝住了：「事實證明了控制感官比控制製造流程還要困難。畢竟人類的身體並不是大量生產出來的產品。我們很難測量、定義和標準化消費者的偏好。」

　　主修食品的人，在學校幾乎都有修過一門必修課叫做《食品感官品評》，充分了解食品標準化對食品產品的開發、行銷及檢測，提供了一個重要實用、且為不可取代的加工技術導向，亦對消費者購買行為產生絕對的影響。然而將食品的「新鮮」與「天然」歸納入視覺與口味標準化一致性的要求，囿於全球各地氣候、土壤、品種與加工技術的不同，只能趨近標準，很難完全符合標準，且耗時、耗資，根本不符合商業利益。如要達到一致性，最經濟快速的捷徑就是使用食品添加物、將遺傳物質殖入微生物中大量製造（例

如：素肉的紅色——豆血紅素、酵素、果膠等），如此，才可創造出食品理想國。

綠色植物其綠色來源主要為葉綠素，可是葉綠素有遇酸及加熱冷卻變暗色的缺點；薑黃素、葉黃素為脂溶性的色素，在水中溶解度很差；食品調色用最多的白色色素「二氧化鈦」，在水中有易沉澱的缺點。改善這些色素不受歡迎的特性，逐漸變成了食品製造業的責任，他們必須調整暗化葉綠素的顏色、讓脂溶性的色素在水中也可溶解、確保二氧化鈦不會產生沉澱，以符合消費者和生產商對「天然」顏色的期望（本書第六章係以奶油為敘述重點）。於是綠茶飲料添加碳酸氫鈉（小蘇打）予以鹼化以保持翠綠、脂溶性的色素予以酯化以增加乳化水和性、二氧化鈦予以奈米化以增加水溶性。如上的加工技術，滿足了消費者的需求，但也孕育出現今超級加工食品的氾濫，對消費者的健康亮起了紅燈。

「天然」與商業

便利商店、超市與大賣場的崛起，廠商建構出了一種有關新鮮的特殊美學，對視覺的強調以及不討喜氣味的消失，變成了商店成功營運的必要因素。從此，顧客認為新鮮的名詞就是「明亮、衛生與豐富」，顧客對新鮮的視覺感知和摘採時間的關係越來越遠。

作者強調，如今有越來越多消費者開始向大公司購買

「天然」產品。這些公司的規模很大，在許多案例中，這些公司和之前販售超級加工食品的業者根本就是同一間，儘管人造的「天然」取代了天然，但資本主義仍在繼續前行。標準化也使得更多消費者能接觸到「天然」食品，但視覺體驗的民主化可能帶來了不平等的健康風險。目前，已有部分消費者對鮮豔且一致的顏色產生反感，於是「不吸引人」的顏色反而變成了「天然」且「品質優良」的象徵。

　　本書《秀色可餐？：所謂的新鮮和健康，都是一場精心設計》，作者以許多篇幅述及達成食品視覺一致性之方式，同時也以相對的篇幅轉述既得利益者隨著時代變遷的做法，這就印證了「人們以視覺享受美食，卻不想接受任何一點風險，很抱歉，這樣是不行的」這段話。這就是我們目前食安上面臨的盲點，明知健康很重要，可是「色、香、味」及「貪、撐、吃」也是精神生活的一個重要支柱；明知超級加工食品吃多了有不可預知的健康風險，可是又經不起食品美色的誘惑。

　　21世紀的今天，食品工廠已漸成為大財團的一員，依據經驗法則，財團的人力、物力及財力都已達高點，他們更熟知擴展行銷的方法與策略，部份財團的產品常以約10%良質食品及有機食品做為形象行銷，以掩飾公司其他90%的超級加工食品。作者有勇氣挑戰西方國家的食品認知，精神令人敬佩。食品安全衛生政策各國不同，但對健康看法卻是一致的。

　　這本書的確是一本好書，值得推薦給大家閱讀；如果您是消費者，我相信您閱覽完畢後，一定對您的正確食品認知會有非常正面的輔益；如果您是食品業者，我相信您閱覽完畢後，一定會運用在改善您的食品加工技術，以增進消費者的健康。

　　（本文作者為輔仁大學食品科學系暨餐旅管理系兼任講師、前衛生福利部食品藥物管理署資深技正退休。）

【推薦序】
耐人尋味的飲食色相

黃禎祥

　　五顏六色的零食對於小孩子來說，是很有吸引力的，對吧？小時候看到那些卡通動畫中間的電視廣告，天真爛漫的小模特兒快樂地吃著、玩著色彩繽紛的零食，我恨不得趕快用零用錢買下它們。

　　儘管我們千方百計想要讓零用錢變成喜歡的樣子，媽媽們還是會過度擔心她的兒女，會被那些艷麗的色素毒害而「英年早逝」。除了天天搜身檢查，還嚴厲警告我們，一旦被媽媽發現偷吃，即使沒被毒死，我們也換成另一種方式「死不瞑目」。她成功了！現在每每看到那些花花綠綠的零食，我心裡的陰影面積，也變得和它們色彩的飽和度成正比！

　　即使理性上相信那些食用色素，在政府部門的監督與合理的使用範圍內，應該不至於對健康造成太多的負面影響，但我仍不禁懷疑，是什麼樣的情況與文化脈絡，允許食品公司如此大方、大膽地，在我們將會吃下肚的食物上大肆「揮霍創意」，使我們的健康暴露在可能的風險之中？當我讀到了這本《秀色可餐？所謂的新鮮和健康，都是一場精心設

計》，它不僅回答了我長久以來的困惑，也讓我增廣了許多見聞。

　　回到在馬來西亞的童年，陪媽媽到「巴剎」（pasar）①去買菜肉時，裡頭各種濕滑、髒亂、臭味和叫賣聲此起彼落，交織成各種恐怖的惡夢。於是，不管朋友或同事跟我報好康說傳統市場裡有什麼「俗又大碗」的優質好貨，我寧可到窗明几淨的超級市場用更高的價格購買「次級貨」。

　　在美國留學時，見識到西方超市蔬果種類的貧乏，就常常到亞洲超市購物。同行的老美同學，見到顧客親自用手又摸又掐又捏地挑選魚或肉，再交給師傅用大刀去頭去鱗或砍骨剁肉，居然嚇得花容失色。我這才見識到美國消費者和食材的關係：在現代化商業環境中，是多麼依賴統一標準——消費者是憑藉著透明包裝紙內依稀可見的外觀、貼在包裝上的標籤，以及超市本身的定位等資訊來挑選食材的，買賣的過程甚至和選購3C產品沒任何差異。在歐盟的強力規範下，「醜陋」的食材，即使營養和口味更佳，甚至是不准在超市中販售的。

食品與商業的發展

　　日本東京大學的商業史學者久野愛在《秀色可餐？》中

---

① 編註：音譯自馬來文，即菜市場。

為我們娓娓道來，視覺效果如何漸漸成為人們在超市中挑選
食物時依賴的少數資訊。甚至所謂的視覺資訊更主要是依靠
顏色而已，儘管它們可能是被人為上色的，不管使用的是所
謂天然的色素如胭脂蟲紅，還是化工合成。其他食材的重要
特徵，如味道、氣味、形狀、大小和營養價值反而是可以被
忽略的。這些單調乏味的統一標準，其實是農民、製造商、
消費者、零售商和政府監管機構一手打造的歷史共業。

　　久野愛分析了印刷廣告從黑白到彩色圖像的轉變，這要拜
彩色印刷的成本在1920年代及以後有所下降所賜，而彩色電視
也隨後逐漸取代了黑白電視。當然，化學工業從中也發揮了重
要作用，除了合成色素，久野愛也介紹了杜邦（DuPont）的透
明玻璃紙包裝，讓食品公司更有誘因使用色素來呈現產品的
「新鮮度」；還有科技上的進展，奇異集團（General Electric
Company）等電器公司的詳細研究，讓食品零售商可以使用各
種有色燈來呈現農產品和肉品最佳狀態的顏色，加以增加購買
吸引力；調色儀和分光光度計等新技術，也幫助了色彩顧問為
食品公司提供有關如何使用色彩銷售產品的明確建議。

　　其實，這些食材所謂「標準」的顏色，讓我們忘記了它
們原本在不同季節中的自然變化，例如奶油在夏天會變黃、
冬天則會呈現白色，不如我們平時在超市中看到地總是色彩
一致。另外，香蕉的黃色和柑橘的橙色，其實也只是從這些
水果原本多樣的顏色中被選中、推出的其中一種而已，我們

卻一再被教導，把其他天然的顏色（比如紅色的香蕉）視作
「不自然的」，自以為是地把它們「該有」的顏色當作普通
常識。

　　在效率至上的時代，誰知盤中飧，粒粒皆著色？消費者
仍有知的權利，《秀色可餐？》是本極富趣味又重要的一本
好書！

　　（本文作者為國立清華大學生命科學系助理教授、
「Gene思書齋」版主。）

第一章

將感官體驗
「商品化」

Capitalism of the Senses

由商業形塑的感官體驗

　　商業形塑了我們對這個世界的感官體驗。從19世紀末開始，美國與世界各地的食品製造商、調味師和調香師紛紛開使用新科技進行實驗，希望能標準化「感官」這種看似極為個人化的無形感受。他們開始大量製造商品，也開始嘗試創造感官知覺，以化學成分為基礎去定量顏色並分析嗅覺。[1]

　　在一次與二次世界大戰之間，通用汽車（General Motors）的總裁艾爾弗雷德・斯隆（Alfred P. Sloan）以產品多樣化與吸引消費者目光為目標核心，發展出多個商業策略，投注資金開發不同款式和顏色的產品。大約在同一時期，許多廣告代理商與心理學家展開了新研究，探討消費者行為與心理學於企業廣告的應用，參與研究的包括智威湯遜廣告公司（J. Walter Thompson）、艾耶父子廣告公司（N. W. Ayer）和約翰・華生（John Watson）。[2]對製造商來說，能創造出正確的氣味、正確的聲音、正確的觸感、正確的口味和正確的外觀，不但是可以做到的事，更是十分重要的關鍵──他們要用產品的這些特性來刺激消費者的消費欲望。[3]

　　然而，事實證明了**控制感官比控制製造流程還要困難。**畢竟人類的身體並不是大量生產出來的產品。我們很難測量、定義和標準化消費者的偏好。在廠商於20世紀使用機械設備取代人類感官之前，他們大致上都只能依賴調查人員來

測量感官知覺，這些調查人員的判斷有時並不一致，往往會
受到身體狀況與環境影響。接著，各行各業的科學家、廣告
商、顧問和製造商逐漸發展出測量與製造感官知覺的新技
術，隨之而來的是一個全新的產業，專門創造視覺、味覺、
聽覺、嗅覺和觸覺的平行宇宙與新世界。[4]

對消費者感官與需求的重塑

在資本主義革命中，創造新感官是一個重要但時常被忽
略的面向。從1870年代開始，美國的工業化與市場擴張就發
展得十分迅速，企業開始以系統性管理、大規模經營與現代
科學的知識為基礎，研發製造與行銷的策略。[5]大量生產與標
準化使企業能夠在產品的顏色、氣味、觸感等方面做出前所
未有的多樣變化。公司開始重視各種銷售通路（先是百貨公
司，而後是超級市場）的商品展示方式，這也成為刺激消費
者欲望非常重要且有效的方法。[6]包括托斯丹‧范伯倫
（Thorstein Veblen）、西奧多‧阿多諾（Theodor Adorno）
和華特‧班雅明（Walter Benjamin）在內的當代學者與文化
評論家，都認同也了解企業利用心理學來影響買賣商品的新
能力。他們強調企業將人類的行為、品味與感覺「商品化」
的新式策略。在這個消費者資本主義盛行的新時代，公司在
製造商品與利用行銷刺激消費者欲望時，必須非常重視感官
的迎合與消費者需求的重塑。

　　但是，這不只是一個全新的行銷策略而已——感官管理帶來的影響非常深遠。企業會用全新的方法重新塑造人們感知世界的方式。過去也曾出現過類似規模的商業導向改革，例如19世紀時鐵路、電燈和電報的發明帶來的改變。[7]這些新科技已經徹底轉變了人們對時間與空間的感知。如今這些可以刺激與控制感官知覺的新技術，則形塑了人們理解周遭環境的方式，這些新技術包括化妝品與盥洗用品的香氣、人工調味與調色的食物、仿皮革的合成纖維觸感和重現音樂的聲響等。

　　本書將會介紹企業如何創造出感官的新世界，並聚焦在企業使用視覺吸引力（尤其是顏色）的起源與發展上。1870年至1970年間，視覺吸引力是美國食品產業的關鍵需求動力。食品業應用感官的方法有很多種，其中最先吸引了食品業的應用技術，是**使用工具製造出有光澤且統一的顏色**。事實證明，顏色遠比其他感知還要更容易控制、生產與商品化。舉例來說，我們就很難用印刷或其他媒介來表達食物的氣味如何。顏色在食品業中是非常強而有力的溝通工具，不僅能吸引消費者的目光，還能刺激人們的味覺、嗅覺和觸覺。

　　雖然消費者往往不會注意到企業對食品顏色做的管理，但事實證明了，在農業與食品業的擴張過程中，食品顏色占了非常重要的一部分。**你將會在本書中閱讀到一段鮮為人知的歷史，看見「視覺性」在食品業製造、行銷與消費中的轉**

變過程。

綜觀過去的歷史，視覺性並不是一種固定的概念，而是一種會演變的構想。正如研究視覺的學者所說，我們不能把視覺的歷史局限在視覺中心主義（ocularcentrism）[①]的框架下。在不同的時空中，視覺與視覺性的意義也會有所不同。[8] 舉例來說，哲學家米歇爾·傅柯（Michel Foucault）認為，我們可以從歷史看出視覺在現代的重要性[②]，而且視覺在現代的作用方式與過去截然不同。用哲學家大衛·麥可·萊文（David Michael Levin）的話來說，視覺「與先進科學帶來的所有力量是盟友關係」。[9] 本書將會分析在食品業中，以視覺為核心的典範是如何崛起的，藉此闡述視覺與知識、視覺與權利、視覺與倫理之間的歷史關聯性。

城市中的「園藝」

美國農業部（Department of Agriculture）顏色實驗室（Color Laboratory）的首席化學家賀拉斯·赫瑞克（Horace T. Herrick），在1929年於行業雜誌《食品產業誌》（*Food*

[①] 編註：哲學術語，指涉過度依賴視覺理解世界，而忽略或低估其他感官重要性的偏見或傾向。

[②] 編註：傅柯曾於著作中談及視覺與權力的關係，認為視覺不僅可以被用來監控與控制，同時也可以被用來建構、塑造知識與真理。

Industries）中指出：「對顏色的渴望跟著我們一起進入了複雜的現代生活中。」他強調了農業生產與食品加工的基礎變化與顛覆性改變，主張在食品消費中，顏色正逐漸變得越來越重要：

> 在這個時代，我們購買的食物中有很大一部分都是罐裝或瓶裝的，如今我們得在雜貨店和熟食舖進行園藝，選擇食物時，我們不再注重氣味與口味，我們注重的是視覺。我們做判斷時只能依靠雙眼看見的，我們會本能地選擇那些較貼近理想的產品。

赫瑞克認為，過去人們習慣食用的是「大自然提供給我們的天然食物」。但隨著「文明的進步，廚房與罐頭介入了植物與口腔之間」，消費者越來越常購買經過商業製造與分裝的食品。根據赫瑞克的說法，人們評斷食物品質的主要方法因此從氣味與口味轉變成了顏色。[10]

在赫瑞克設想的「複雜現代生活」中，改變的不只是食物生產和飲食習慣而已，人們的視覺感受和飲食知識也有了變化。在「比較不挑剔的時代」，人們通常得自己準備食物。他們可以把「食物的外觀令人毫無食欲」這件事怪罪在烹調過程或廚師沒有經驗上。而到了1920年代後期，消費者越來越常購買商業製造的調理食品，「親自監督」已經是不

可能做到的事了。[11]消費者缺乏相關知識，不了解食物的顏色為什麼會變化，也不知道食物從哪裡來。

赫瑞克的論點概括了我將會在本書中探討的幾個關鍵主題：食物在生產與攝取方面的變化；新視覺性的出現；以及商業、科學與政治之間的關聯。隨著市場的擴張以及食物生產變得高度商業化，食物產品從19世紀晚期開始成為政府法規的主題之一。聯邦政府與州政府同時是食品業的守門人和協助者。像赫瑞克這一類專精於食物顏色研究的政府科學家，鼓勵並協助政府，批准食物生產商與零售商控制食物的顏色。

美國人如今對特定食物擁有的色彩聯想，大多都是食品加工廠、農夫、雜貨商、色素製造商、官僚和消費者從19世紀晚期以來，在經濟、政治與文化方面進行協商帶來的結果。舉例來說，政府對食物染色的法規限制了食品加工廠能使用的色素種類。氣候與其他環境因子是關鍵因素，能夠決定特定區域的農產品品質，也會影響種植者如何控制農產品的顏色。密集的大規模行銷和政府等級的標準，能幫助我們定義市場中的食品顏色。消費者對食物外觀的期待，也會反過來對企業如何控制與呈現食物的顏色產生重要影響。在許多狀況下，消費者的期待也就是農業生產者和食品加工廠認為消費者想要什麼。

「天然」與「新鮮」

　　食品顏色的建構會帶來顯著衝擊，主要原因在於，進食是基本且必要的人類活動。至關重要的是，當食品顏色變成了現代科學與科技的產物後，各種新型態視覺性的出現不但改變了人類對食物的看法，也更廣泛地改變了人類對天然的想法。食品業的「顏色標準化」和其他商品不同，它的目的不是為了「靠著擴展產品多樣化，來滿足或創造消費者貪得無厭的欲望」，而是要**「矯正」天然的多樣性，說服消費者「新鮮」與「天然」是一種標準化的概念，也就是要把食物的口味「視覺化」**。食品製造商設計加工食品的顏色，是為了要展現食品的多樣、創新與獨特，例如早餐麥片、點心和糖果就是如此。但是消費者往往會拒絕蔬菜水果太過新穎、看來「不天然」的顏色。

　　企業必須創造利潤與流線化生產，文化對於食物的顏色又有一定的期待，結合這兩個面向，一種食物的「天然顏色」被創造了出來。這種顏色其實是天然與科技的混合產物，是企業透過商業與科學方法建構出來的天然。[12] 各領域的學者都已經指出，控制自然環境是資本主義發展的一個重要面向。[13] 本書的基礎，就是這些學者們對於資本主義系統的看法與對「天然」的意識形態。接下來我們會先描繪人類建構食物顏色的歷史，接著不但會揭露農業生產者、食品加

工廠和雜貨商如何靠著顏色獲利，還會揭露他們如何藉由重新塑造與發明「天然」來獲取價值。

正如文化歷史學者傑克森・李爾斯（Jackson Lears）在分析廣告圖像與廣告文字時所說的，在19世紀晚期，工廠生產的商品正逐漸取代富饒的天然食物，這是物資充裕的普遍象徵。[14]我要把李爾斯的分析焦點從「天然富饒食物的象徵意義」，擴展到「天然富饒食物的實際創造行為」。工廠與科技不但能取代天然食物，還能成為「天然」產品的一部分，許多人相信食品製造商提供的產品比天然食物更優秀，這是因為製造商幾乎總是可預測又具有一致性。消費者也同樣接受，有時甚至更偏好企業製造的某些「天然」食品。**在食物的顏色是由人類操縱產生的狀況下，消費者仍會相信眼前的食物顏色是天然的顏色，於是天然與人工之間的界線便消失了。**正如哲學家雷蒙德・威廉斯（Raymond Williams）所主張的，天然的概念「含括了極為大量的人類歷史，只不過人們往往沒有注意到這一點。」[15]食品業創造了標準化的「天然」顏色，我們可以由此得知天然與文化之間的關係是錯綜複雜又親密的，「天然」這個概念的歷史與文化建構之間的關係也同樣如此。

「新鮮」也和天然一樣，在19世紀末期開始轉變成食物的可競爭特性。地理學教授蘇珊・佛瑞柏格（Susanne Freidberg）將所謂的新鮮食物——例如水果、蔬菜與肉——

展現出來的特質稱作「工業化的新鮮」，這種新鮮是由農業種植者、肉品加工商、物流業者和雜貨商設計出來的。佛瑞柏格在著作中探討「新鮮」食物的歷史時指出，農業生產商對於控制易腐損食品（perishable food）的追求以及消費者對於新鮮的需求，都出自於「工業資本主義與大量消費文化帶來的焦慮與困境」。[16]自從19世紀晚期以來，現代科技與經濟的變化就改變了農業產銷的規模，也以極快的速度改變了農村地景。[17]不過，科技對天然食品的干預並不一定和消費者對天然的渴望是互相對立的。美國對鄉村生活的概念建立在天然與科技的矛盾關係上，正如歷史學家萊奧・馬克思（Leo Marx）描述的，鄉村生活就像是「花園中的機器」──一邊頌揚鄉村的價值與野性（這也是一種文化概念），一邊全心接納工業發展與經濟價值。[18]數十年後出現的超級市場具象化了機械與花園之間的隱喻關係。食品零售商想要在城市中創造出「花園」，在超市中尤其如此，他們延長了「新鮮」的易腐損產品能擺在架上的時間，並在展示這些食物時用統一且亮眼的外觀來吸引消費者的視線。

嶄新的視覺機制

　　本書將會透過三個核心問題探討感官資本主義的出現，同時也會一併討論大規模的生產和物流運送。第一個問題是

企業控制食物外觀的方法與原因。為何1870至1880年代這20年間是美國商業的轉捩點？都多虧了交通與通訊基礎設施的發展、製造機械與流程的創新，以及管理型商業公司的崛起。這些嶄新的科技與企業營運方式，降低了大規模生產與大規模行銷各種標準化產品的成本。[19]在食品業針對產品標準化制定生產與行銷策略時，對顏色的研究與控制變成了非常關鍵的一部分。農業生產商、食品加工廠和零售商採用的顏色控制技術，以及他們對顏色科學的知識，會決定並標準化食品的「正確」顏色，許多消費者會認同這種顏色並在最後將之視為理所當然。

在農業工業化、食品加工、食用色素產業的崛起與現代食物零售系統的成長等方面，美國都走在世界各國的最前線。事實證明了大規模生產食物與大規模行銷食物的早期發展，對於食物顏色標準化很有幫助。食品公司大幅推動了食品合成化學原料的成長。美國因此變成了全球最大的食用色素市場，至今仍然屹立不搖。[20]

第二個問題是，**食品業的顏色管理策略會不會隨著時間推移而改變？**從19世紀開始，農業種植者和食品加工廠都因為食品科技與顏色科學的進步，可以用更經濟、更一致又更便利的方式控制食品的顏色，並因而能在控制與標準化方面達到更高的水準。舉例來說，相較於從植物中提取的天然色素，合成色素的色調比較深，也比較不容易褪色。20世紀早

期至中期，市場銷售系統與食物消費模式出現了改變，在提供自助服務系統（self-service system）③的商店更是如此，這種改變徹底扭轉了零售商在商店裡對顧客展示食物的方式，以及他們控制視覺吸引力的方法。不同產業之間的網絡與連結對於新感官的發展格外關鍵，食品業與化學工業即為一例。隨著農產品與食品加工越來越工業化，政府官員與科學家也逐漸變成許多企業的重要夥伴。

　　第三個問題是，**顏色管理對美國的社會與文化造成了什麼影響**？雖然我在描述新視覺性的創造時，會強調科技與科學的創新是很重要的，但本書將會擺脫以科技發展為主要核心的論述。取而代之的，將是探究人類發明並發展出顏色控制技術（例如食品調色與食品包裝）之後發生的事。我們為食品生產與行銷發展出合成色素後，帶來了什麼後果？聯邦政府、食品業和消費者對此有何反應？標準化的顏色如何改變了人類對食品的感知？

　　食品公司為了抓住消費者的欲望而做出的努力，推動了19世紀晚期創造新的視覺機制。新的視覺性可能會具有**商業化、性別化和易於控制**等特徵。食物生產商和零售商創造出新視覺感官和新視覺環境，透過科學干預和一致的顏色管理

---

③ 編註：在20世紀早期之前，多數商店的商品是沒有個別包裝的，消費者得告訴店員他們想買多少商品與哪些商品，由店員包裝商品並計算價格。此處的「自助服務」指的是商品已經個別包裝好，消費者可以自行拿取商品到櫃臺結帳。

來刺激消費者的欲望。在創造以視覺為核心的食品消費體驗和零售環境時，這些公司對購物規律和感官知覺的理解全都立基在性別上。行銷人員和雜貨店老闆通常是男性，他們在銷售食物時的訴求是吸引女性的目光。

女性不只是食品行銷的主要目標——食譜和流行雜誌也認為在家中製作具有視覺吸引力的食物多半會是女性。視覺感知的商業化與食物顏色標準化的出現時間，不但與大規模生產與大規模行銷的擴張時間點吻合，也同樣和家務出現重大改變的時間重疊。家務出現的重大改變包括現代廚房科技與烹飪原料的出現，例如瓦斯爐、烤箱、電冰箱和分裝食品色素。[21]在20世紀的美國，女性和家庭烹飪的新關係對於新視覺機制的崛起帶來了重大影響。

本書在描繪食品顏色的創造時，會將之視為標準化的流程。但消費者體驗卻無法標準化，而且會隨著消費者的社經地位和所處地區而有很大的變化。一方面來說，食品貿易的擴張推動了市場上的食品多樣化、標準化；另一方面，移民家庭與非裔美國人家庭傾向於抗拒「美式」食物——也就是在20世紀早期源自新英格蘭的典型食物。[22]此外，他們也無法負擔烹飪所需的原料、時間與設備，而其他中產階級的美國人則可以享受烹飪。在1930年代，附有食品彩圖的密集行銷與流行雜誌越來越多，就算如此，企業的主要目標仍然大致上是中產階級與上層階級的白人家庭。這些目標受眾並不

一定會受到行銷用語與雜誌上的家務指南所影響。廣告、流行雜誌和食譜造成的影響，是推動這些消費者建立並傳播標準化的食物形象。

跨領域合作，為感官體驗帶來的影響

為了分析科技發展與經濟改變在政治、社會與文化方面的關聯，本書的研究基礎聚焦於不斷增加的跨領域合作，這些合作將商業策略、企業精神與科技改變視為創造出新感知方法的關鍵因子。舉例來說，美國的音樂產業在1870至1930年代間崛起，把特定的音調與聲響視為較容易行銷的聲音，藉此推動了聲音的商業化，也協助形塑了聽音樂的文化。[23]在消費者產品（例如汽車和服飾）的行銷與零售方面的「顏色革命」，徹底改變了美國社會的商業行為和更廣泛的視覺環境。[24]在美妝產業，企業家不只在全球市場擴張中扮演了關鍵角色，也讓人們對美的概念產生了至關重要的影響。身體與臉的外觀和顏色、肌膚的光滑程度和體香能代表一個人的社經地位。隨著美妝產品的數量越來越多，消費者的選擇也越來越多樣化，美妝產業的全球化也推動了美麗在不同文化中的標準化。[25]

本書將公司的角色當作改變感官體驗的主要驅動力，將不同商業領域和政治圈中的各種企業與機構帶入單一的歷史論述中——尤其是政府機構。相較於美妝產品等其他消費者

商品，食品的相關法規更加嚴謹。標準化食物顏色的出現不僅對商業來說很重要，同時也是法律與政治決策的主要目標之一。政府的官員和科學家對於合法化食物的理想樣貌帶來很重要幫助。他們開始進行食物與色素的調查、建立分級標準並提供食品的立法規定。聯邦政府還會幫助食品業維持並擴大顏色的控制，除了規範食品與色素產業外，政府也為食用色素創造了新市場。

有關食物法規（尤其是食品調色與食品安全方面的法規）的歷史研究，往往會把食品藥物管理局（Food and Drug Administration）的科學家和監管人員視為公眾福祉的捍衛者——其中最知名的是哈維・威利（Harvey W. Wiley），他是1906年推動《純淨食品與藥物法》（Pure Food and Drug Act）的關鍵人物——並把企業領導人視為追求利潤的強盜大亨。[26]包括歷史學家蓋比爾・寇可（Gabriel Kolko）在內的許多學者都曾批評過這種聚焦在「公眾利益」上的研究方向。他們指出，政府被大企業「挾持」了，大企業支持與促進政府通過的，都是能保護企業利益並消除小型商業競爭者的法規。[27]「公眾利益」與「挾持」這兩個理論都傾向於把政府與企業視為一體。本書的做法則不同於上述方式，我們將會在書中看到國家與企業之間的動態，也會看到政府代理人和企業主管擁有哪些不同的利益和目標。[28]

視覺化的味覺

　　進食是一種多重感官的**體驗**。雖然我聚焦在顏色與視覺上，但這並不代表視覺是食物產業和消費者**唯一**重視的感官，也不代表視覺會在食物買賣中完全取代其他感官。[29]聲音、氣味、**觸感**和顏色都會影響人們對食物口味的感知，無論我們想不想接受，事實都是如此。自19世紀以來，食品製造商和食物科學家已經對人工調味做了非常廣泛的研究。[30]近年來，研究人員對於聽覺對食物口味的影響越來越感興趣，酥脆的聲音就是其中一例。在2000年代的一系列出版品中，心理學家查爾斯‧史賓斯（Charles Spence）指出，我們在咬、咀嚼與吸吮時聽到的聲音會大幅影響我們對口味的感知。我們不只會靠著食物的聲音來判斷質地，也會用聲音判斷品質。由於在許多蔬果中，爽脆的聲音就等同於新鮮，所以這種聲響會對人們的感知產生格外明顯的影響。[31]人類學家和歷史學家也越來越注意飲食中各種感知的交互影響，他們不只從科學的角度做探討，也從歷史與文化的角度做研究。[32]

　　在飲食的多重感官體驗中，針對顏色的歷史分析是失落的一角。大學、公家機關和企業實驗室的食物科學家和心理學家都已經在研究顏色在食品業中的功能了，「顏色與口味之間的關係」就是研究主題之一。[33]雖然他們的研究顯示，顏色對食物的口味有生理上與心理上的影響，但他們普遍忽

略了顏色與食物的歷史與文化。食物是最古老的原物料之一，但企業至今仍持續藉由控制感官因子（包括顏色）進行食物的商品化，在每一個新市場中，人類的決定與行動都在不斷重新塑造食物。

食品業在「視覺化口味」的過程中會使用兩種工序：**創造意義**，以及**控制食物的物理型態**。顏色不只是食物的物理特徵，更具有社會與文化上的意義。社會學家羅蘭·巴特（Roland Barthes）在1950年代晚期的文章中指出，人們在資本主義的系統中，是依附著「物質」創造神話的，這些物質包括相片、汽車和食物等。儘管巴特的文章主題是「法國日常生活中的神話」，但他的分析框架能讓我們更理解對物質的深層意義，而不只是了解實用功能而已。[34]食物的顏色是一種符號，能代表天然、優秀與人工的概念。農人、食品加工廠和雜貨商開始試著把特定食物的顏色與味道「配對」，他們的手法包括控制熟成過程、增加食用色素和使用冰箱。許多美國人視為「天然」的食品顏色逐漸占據了整個市場。然而，所謂「不自然」的顏色（例如綠色的柳橙、偏棕色的肉和偏白色的奶油）並不一定代表食用品質下降了。

本書脈絡

食物的顏色，代表了另一種口味的視覺化：消費者的好惡。從1870年代開始，企業製造出分裝色素和蛋糕預拌粉等

「便利」原料後,色彩繽紛的食物就變成了一個人在家庭烹飪的品味體現,也象徵了理想的陰柔特質和一個人的社會性格。正如社會學大師皮耶・波迪爾(Pierre Bourdieu)所主張的,味道構成了「一種後天的傾向」,人們能「透過區別口味的過程建立與標記彼此之間的差異」。[35]與康德式的普遍審美④判斷不同,在如今的高消費社會中,對於特定顏色的品味和知識是一種社會標記(social marker)。在這方面,感官知覺不僅僅是個人的生理感覺,而是一種共同的文化體驗。[36]

我會在接下來的章節解釋這種口味的視覺化是如何發生的、為什麼會發生。在第二章中,我們會在1870至1930年代的背景脈絡下,討論食物顏色的標準化,充滿色彩的高消費社會就是在這段期間崛起的。第二章探討了科學家、廣告商和商業顧問,如何透過科學研究和商業策略中新顏色科學的幫助,轉變了食物顏色的概念,我們會提到的人包括奇異集團的物理學家馬修・拉克許(Matthew Luckiesh)、智威湯遜廣告公司的廣告專員和「顏色顧問」費伯・比倫(Faber Birren)與霍華・凱奇姆(Howard Ketcham)。他們在顏色控制科技和設備方面的創新,幫助食品業創造與標準化了食品的「天然」顏色。在替特定食品的理想顏色設立標準時,

---

④ 編註:概念源自康德著作《判斷力批判》(*Kritikder Uiteilskraft*)。康德認為美感經驗可以透過普遍性的標註來評價;美感經驗是不帶感性興奮的審美經驗。

顏色測量和印刷的技術帶來了很大的幫助。

　　食品製造商找到方法判斷食物顏色是否接近標準後，接下來需要的就是能實際改變食物顏色並達到理想深淺的方法，食用色素是食品業中使用得最廣泛的材料之一。第三章的主題就是在1870至1930年代，食品調色產業和顏色標準化的出現。在食品業控制食物顏色的過程中，合成食用色素的問世是率先出現的轉折點。在大規模生產和行銷逐漸興起的1870和1880年代，食品製造商利用合成色素，以經濟價值極高的方法標準化他們的產品，並藉由更一致的食物外觀建立品牌識別度。政府因為食物調色產業的擴張而建立了新形式的政府法規，進而推動食品業把調色管理的工作整合到產業中。

　　接下來的四章探討了農業生產者、食品加工商、零售商和消費者，如何利用第一章和第二章討論到的調色新技術和調色知識，管理食物的視覺吸引力。每一章會聚焦在一種創造食物顏色的地點：家庭（第四章）、農場（第五章）、工廠（第六章）和零售商店（第七章）。第四章側重描述消費者的角色，尤其是女性在創造食品顏色這方面的作用。我們會探討新引入的商業食用色素和加工產品如何改變了家庭烹飪以及人們對於人工食品的看法。第五章會分析人們如何創造出農產品（也就是所謂的天然產物）的「天然」調色方法，主要聚焦在柳橙上。種植者和包裝商都希望能透過控制天然產物，創造出消費者認為天然的食品顏色。第六章我們

會轉而論述食品加工業的興起。我們將會在本章中看到，一開始我們視為人造替代食物的產品（尤其是罐頭食物和人造奶油），卻重新定義了天然食物（例如新鮮的農產品和天然奶油）的顏色。第七章則會介紹零售環境（也就是超市）的管理，分析零售商在銷售產品時如何控制和呈現食物的視覺吸引力。

　　第八章探討的是1960與1970年代的消費者對食物顏色的「人工」控制與新型態的「天然」有何反應。隨著消費者權益、環保和反主流文化運動的興起，有越來越多消費者開始要求「天然」的食物。反對化學添加物的消費者運動（包括惡名昭著的紅色2號⑤〔Red No.2〕）使食品調色管理的業務策略出現了重大轉變，這種轉變一直持續到今天還沒停止。這一章的結尾描述了人們對顏色標準化提出懷疑論後帶來的結果——「天然」的重新發明。這種新的「天然」並不符合啟蒙運動時期人對自然的理論，不一定是一種可開發的資源。這種「天然」也不是浪漫主義所表達的崇高自然。[37]在1960與1970年代，消費權益行動主義者（consumer activist）——包括主張要徹底消除市場上合成色素的拉夫・奈德（Ralph Nader）——並沒有完全拒絕企業對食物顏色的人為控制。雖然他們會批評合成化學物質，但同時也接受了以植物為主要

---

⑤ 編註：為工業用染料，可能具有基因毒性及潛在致癌性。

成分的「天然」色素，例如餵雞吃乾燥藻類，使雞皮和肌肉變成「促進食欲」的黃色。人工技術與天然食物融為一體了。這種新的人工「天然」是基於消費者對於控制天然的渴望。在工業化的現代消費社會中，無論是理性主義還是浪漫的反現代主義，都再也無法回過頭去使用我們過去對天然設下的標準了。

最後一章則會轉回去討論三個核心問題：食品顏色的管理、顏色管理策略的改變以及控制顏色帶來的後果。我們會在本章探討食品業對視覺吸引力的管理帶來的影響，其中包括了食品消費的民主化、社會大眾對健康風險的日益關注，以及人們對天然環境的觀念有何變化。總的來說，本書將會**描述人們過去是如何以商業為工具，改變了我們感知世界的方式，並在這樣的背景脈絡中探討食品業的視覺管理。**

再現過去消費的感官體驗

生活在現代的我們不可能用19世紀晚期的眼光看待彩色廣告。19世紀的人突然看到彩色圖片時體會到的視覺經驗與現今大不相同，在當下五彩繽紛的社會中，我們很少能體驗到那種感受。在1920年代之前，流行雜誌中很少會出現彩色圖片（就算有，一本雜誌中也只會有1到2張）。為本書調查資料時，我翻閱了許多19世紀晚期的雜誌，每當突然看到一

張彩色圖片時，我總是會非常驚嘆。在檢閱了數十頁的黑白
雜誌後，突然映入眼簾中的色彩令我感到興奮、訝異又獨
特。如果不了解背景脈絡的話，我們將很難理解每張圖片背
後的意義。我希望我的文字能讓讀者了解，社會大眾在第一
次看到這些彩色圖片時的歷史脈絡和社會背景。[38]

第二章

食物與現代視覺文化

Food and Modern Visual Culture

在19世紀晚期至20世紀早期之間，色彩在商業界創造新感官的過程中扮演了開創性的角色。色彩一直以來都是科學家和哲學家的研究主題之一，這些研究者包括艾薩克・牛頓（Isaac Newton）、約翰・沃夫岡・馮・歌德（Johann Wolfgang von Goethe）和米歇爾・尤金・謝弗勒爾（Michel Eugène Chevreul）。[1]19世紀，隨著科學和工業以前所未有的水準開始交會，顏色的探究不再局限於哲學分析與科學研究的領域。在商業策略中，顏色的使用變成了許多行業取得競爭優勢的重要來源，食品業也是其中之一。[2]

從1870年代開始，色影研究在技術與概念的變化推動了食品業的顏色標準化。科學家開發出顏色的測量技術和色譜系統，對測量和定義食物應有的外觀帶來幫助。廣告代理商和顧問建立了許多方法，將科學知識應用在商業策略中，成為科學與商業之間的橋梁。他們一起協助食品業將顏色資本化，進而推動新視覺的出現。

感官資本主義的色彩革命

19世紀下半葉，以都市中產階級為主的許多消費者開始在生活中看到新的視覺文化，其中也包括了食品業創造出來各種明亮且統一的顏色。1856年，英國化學家威廉・亨利・佩爾金（William Henry Perkin）合成出史上第一個合成色

素，並將之商業化。此後，化學公司便開始擴大合成顏色的
調色列表。[3]正如歷史學家華倫‧蘇斯曼（Warren Susman）
所說：「化學合成的顏色使我們從未見過的繽紛世界成為可
能。」[4]工業生產的色素不但能實現規模經濟，更能大幅增加
色彩的種類。

彩色平版印刷

　　在19世紀後期，彩色平版印刷是最早能用來豐富視覺環
境的手法之一。到1870年代，平版印刷公司都已經在印製精
美的彩色圖片了，其中也包括柯瑞爾與艾夫斯公司（Currier
& Ives）和路易斯普朗公司（Louis Prang & Company）。這
些繽紛的藝術品和廣告成為中產階級用來裝飾居家環境的一
種流行趨勢，使用這些圖片照亮原本「陰沉的視覺環境」；[5]
雜貨店把彩色平版印刷的廣告掛在門面和牆上，藉此吸引顧
客的目光；許多公司都會使用平版印刷的宣傳卡來宣傳產
品；散裝的茶葉、咖啡、肥皂和各式各樣的商品都會搭配上
五顏六色的插圖卡片，零售商也會將這些卡片分發給消費
者。宣傳卡是十分受歡迎的收藏品，在婦女和兒童之間尤其
如此。[6]

　　雖然19世紀晚期的美國人很喜歡印刷出來的彩色圖片，
但一直到20世紀初，流行雜誌和廣告才開始大量使用彩色圖
片。在19世紀，顏色是非常昂貴的。此外，當時的人也很難

產出品質一致的顏色：顏色深淺往往不太自然，而且當時的人根本沒有技術能大量生產出顏色一致的圖片。[7]1920和1930年代，隨著彩色印刷技術的進步和成本的降低，印刷品中出現了歷史學家羅蘭・馬尚（Roland Marchand）所說的「色彩大爆炸」，改變了社會大眾在日常生活中的視覺體驗。[8]

商品的色彩新世代

　　在20世紀的頭數十年間，「色彩大爆炸」不僅出現在印刷品中，也出現在各式各樣的產品設計中。在汽車產業，通用汽車的總裁艾爾弗雷德・斯隆建立了年度車款更新發表（annual model change），於1920年代開創了他所謂的「色彩與造型的摩登時代」。[9]斯隆決定要投資設計後，公司的銷售出現了快速成長，而通用汽車的競爭對手福特汽車（Ford），在1927年之前銷售的一直只有黑色的T型車。[10]此外，在這段期間，色彩繽紛的廚具、各種色調的房屋油漆和五顏六色的衣服變得越來越多。1928年的《星期六晚郵報》（*Saturday Evening Post*）中，一篇名為〈色彩的新時代〉（The New Age of Color）的文章指出，隨著人們對「餐桌上和客廳中的彩色玻璃製品越來越狂熱，即使是食品儲藏室和廚房中不起眼的瑪瑙器皿，也加入了色彩的全面交響曲。」作者指出，「色彩革命的影響無處不在。」[11]商店櫥窗和百貨公司中出現了顯眼的色彩和燈光，象徵了新商品世代的到來。[12]

　　產品多樣化變成了大規模生產和大規模行銷標準化產品
的重要因素。標準化導致企業開始在顏色和樣式方面進行實
驗，同時也使製造商可以降低生產成本。消費者因此開始購
買更多商品，對商品的黏著度也更高。在論及標準化的意義
時，著名的汽車製造商亨利・福特（Henry Ford）在1931年
指出，標準化的目的是「為我們的生活帶來聞所未聞的多樣
性」，而不是「為了千篇一律」。「機器生產使我們的生活
更加豐富，（並提供了）比過往更多的物品供我們選擇。」[13]
由於福特一開始只生產黑色的汽車，所以這番論述似乎有些
自相矛盾，但我們仍可以從他的描述看出，標準化的顏色為
美國人的生活帶來了新穎且多樣化的色彩。20世紀中期，顏
色已經滲透進現代生活的各個面向中了，無論是汽車、路
牌、廣告、紡織品和食品都充滿了多種顏色。[14]

食品的色彩標準化

　　標準化在不同的產業中帶來了各式不同的挑戰與不一樣
的成果。[15]儘管食品製造商會以人工手段製造出天然的顏
色，但在食品業中，顏色標準化仍舊代表他們對天然理念的
堅持。此外，標準化也使食物的外觀變得穩定，製造商能夠
前後一致地創造出消費者預期的食物顏色。對於在大眾市場
製造和行銷食品的企業來說，穩定性和可預測性是非常關鍵
的因素。[16]消費者開始用顏色來評斷商品品質是否優良，並

受到商品外觀的吸引。20世紀初，食品商店和家庭出現了越來越多種顏色一致又鮮豔的食品，構成了現代消費文化。

食品生產商和零售商認為，食品的外觀不僅是幫助消費者判斷產品品質的關鍵因素，也會刺激他們消費。他們很重視食物顏色在視覺上的吸引力，認為外觀可以刺激消費者購買食物的欲望。在20世紀的頭數十年，自助服務雜貨店越來越多之後，消費者在選擇食物時不再依賴店員的幫助，企業因此更加重視視覺吸引力了。

食物的甜美顏色能引誘消費者，刺激他們的胃口。1917年，美國甜品商協會（National Confectioners Association）的祕書在《美國食品雜誌》（*American Food Journal*）的一篇文章中指出，視覺與味覺有「直接關係」：「顏色能吸引目光，創造欲望，還能刺激味覺神經，提升可口程度。」[17]顏色不會為食物增加調味，但可以幫助消費者想像食物的口味、氣味和質感。正如一位雜貨商曾指出的，在食品銷售方面，顏色已經變成了「世界上最強大的力量之一」。[18]消費者只要看向櫥窗展示和貨架上那些擺設精美又顏色繽紛的食物——黃色的義大利麵，粉紅色和紅色的香腸，混雜了紅色、綠色和藍色的糖果——眼中就會充滿了耀眼、明亮的混合色彩。

顏色的科學與商業化

科學與商業之間的密切關係是1920和1930年代出現「色彩革命」的關鍵。研究視覺感官和顏色的科學家普遍認為，視覺是人類最重要的感官，他們可以、也應該以科學知識為基礎去研究感官知覺。物理學家馬修‧拉克許在1924年至1949年擔任奇異集團的照明研究實驗室（Lighting Research Laboratory）主任，他提出了數個有關顏色的學說，以及顏色會對人類生理學造成何種影響的理論。拉克許認為，能見度與視覺環境這兩方面的改善，和現代文明的出現有密切相關。他對視覺的見解中，也包括了「人體是一種機器」的當代觀點。[19]拉克許和共同作者法蘭克‧摩斯（Frank K. Moss）在1934年的著作《新照明科學》（*The New Science of Lighting*）中指出，「人類是一種視覺機器，觀看對人類來說是最常見的重要行為。」[20]在改善這些「人類視覺機器」的過程中，顏色是關鍵要素。兩位作者指出：「雖然我們就算看不見顏色也能繼續存活，但看見色彩的能力為我們的環境增添了一層神奇的帷幕。」[21]他們對科技進步、理性和專業的堅定信念——米歇爾‧傅柯認為這種信念是現代性的特徵——推動了視覺感官和現代消費文化的融合。[22]

20世紀初，美國和歐洲越來越多人對食物有嶄新的理解，體現這種新理解的是食品業對顏色的科學分析和量化。歐

洲在19世紀中期對營養科學進行研究後，科學家紛紛開始分析
食物的成分。他們以食物的營養成分為基礎，對食物有了進一
步的了解。接著，經濟學教授烏韋・斯皮克曼（Uwe
Spiekermann）稱做「營養標示」（nutrient paradigm）的資訊
從根本上改變了科學、商業和政治領域對食物的看法。[23]食
品製造商以食品科技的研究為基礎，透過分離和重組食物裡
的各種營養和原料（顏色也包括在內）創造出新產品。此
外，政府官員也認為，在食品製造與食品銷售方面立法防止
詐欺時，最有效率的方法就是控制色素添加物等營養成分和
其他原料。[24]這是科學家和食品製造商首次把顏色視為一種
食物成分，他們可以分析、轉變和分離食物的顏色。

羅偉邦色調計

　　食品製造商在做顏色調查等產品感官評估時，大多仍得
依賴個別專家的知識與經驗。他們會請調味化學家、咖啡品
嚐師、釀酒師和顏色科學家評估食物的調味、口味和顏色，
決定產品是否適合銷售。[25]在分析顏色時，最簡單的方法是
用肉眼比較目標和標準之間的差異。英國釀酒商喬瑟夫・羅
偉邦（Joseph W. Lovibond）於1887年開發了一種名叫色調計
的儀器，用來測量啤酒的調色。檢查顏色時，檢查人員要把
一杯啤酒樣品放在托盤上，比較啤酒的顏色和色調計上16個
玻璃板中的顏色。每塊玻璃板都有一個編號，顏色最淡的就

是編號1。

羅偉邦為每種顏色分配一個數字，是希望能消除人們在描述顏色時的模糊語意。對顏色科學家和食品製造商來說，顏色的命名一直都是很難解決的問題。顏色的名稱（例如深棕色和淺黃色）一直以來都沒有明確的、標準化的定義。對於觀測者來說，「深棕色」這個詞能代表許多種不同深淺和不同色調的棕色。羅偉邦色調計則提供了通用的標準和語言，顏色檢查人員只要使用玻璃板的編號，就能輕而易舉地分享正確資訊。一開始，使用色調計的大多是釀造業。隨著色調計越來越受歡迎，羅偉邦也為紅色、藍色和黃色製作了類似的儀器，各種食品和飲料都能使用。[26]

孟賽爾色譜

還有其他方法可以在不描述顏色的狀況下建立顏色標準，例如色表和顏色字典。食品業至今仍廣泛使用的其中一個系統是孟賽爾系統（Munsell），這個系統是波士頓麻州藝術學院（Massachusetts Normal Art School）的繪畫教授阿爾伯特・孟賽爾（Albert H. Munsell）於1905年創造出來的。孟塞爾把他創造的顏色表稱做「色譜」（Atlas），按順序排列出各種顏色。這些顏色的排列順序是亮度（value，指顏色的明暗）和彩度（chroma，指顏色的飽和度和鮮豔度）。孟賽爾共發表了40種不同顏色的圖表。[27]奇異集團的馬修・拉克

許是孟塞爾系統的堅定支持者。拉克許曾感嘆，人類實在很
缺乏通用的色譜系統，他問道：「還有比忽視顏色更荒謬的
事嗎？從事顏色相關工作的人常會無法向其他人表達他們想
描述的顏色。」[28]他認為在建立顏色科學的過程中，很重要
的一件事是顏色名稱的標準化和顏色的系統性分類。

　　孟賽爾的主要目標是在顏色教學中使「記錄顏色變得更
容易也更方便」，尤其是對兒童而言。但他的「色譜」和相
關的顏色系統很快就變成了食品業和農業等產業在使用的商
業工具。[29]桃樂絲・尼克森（Dorothy Nickerson）是孟塞爾的
研究助理和祕書，也是當時為數不多的女性顏色科學家之
一，她在1930年代和1940年代推動企業使用各種顏色測量方
法和標準（包括孟塞爾的色譜）來評測農產品與其他產業的
商品。[30]尼克森在1921年到1926年為孟塞爾工作，之後進入
美國農業部（US Department of Agriculture，USDA）擔任顏
色科學家。在政府工作的同時，尼克森也積極參與1931年成
立的非營利組織跨社會顏色委員會（Inter-Society Color
Council）和孟塞爾顏色基金會（Munsell Color Foundation）
的活動，推動顏色知識和顏色標準化的進步，並在1972年成
為該基金會的主席。尼克森和其他顏色科學家一樣，十分強
調顏色標準和顏色用語標準的重要性，她認為人們「必須擁
有共識作為基礎」，才能解決產業中的「顏色問題」。[31]顏
色命名法和顏色衡量法的標準化（例如孟賽爾色譜）為企業

提供了可行的工具，使他們可以在分級和行銷時使用顏色。

《色彩辭典》

　　科學家洛伊斯・約翰・梅爾茲（Aloys John Maerz）和莫理斯・瑞亞・保羅（Morris Rea Paul）開發了類似孟賽爾色譜的顏色表，於1930年出版了《色彩辭典》（*A Dictionary of Color*）。《色彩辭典》裡包含7,056種顏色，是當時含括最多種顏色的色彩辭典。梅爾茲和保羅出版《色彩辭典》的主要目標，是「為所有已經記錄下來的顏色名稱建立一個參考資料庫」，並透過呈現這些顏色樣本來展示「所有顏色」，建立眾人可以接受的顏色標準。他們認為，「雖然其他領域幾乎全都已經成功達到標準化了」，但在辨別顏色這方面的標準通常都是「混亂的」，這種混亂有可能會導致企業遭受財務損失。[32]然而，使用《色彩辭典》的一個缺點是，圖表中有一些相鄰的顏色樣本看起來非常相似，以至於檢查人員難以判斷產品的顏色應該要對應到圖表中的哪個顏色。[33]

　　在制定蔬果罐頭的顏色標準時，美國農業部使用了梅爾茲和保羅製作的顏色表，主要原因是他們字典中的顏色種類最廣泛。檢查人員只要把樣品的顏色拿去和字典中的色塊做比較，就能確定產品的顏色是否達到要求。[34]舉例來說，如果冷凍豌豆的顏色比《色彩辭典》中第17張彩圖的「L9」還要更淡的話，這些豌豆就不會被評級在美國B級（US Grade

B）以上。[35]美國A級的罐裝葡萄柚汁的顏色不能比第10張彩圖的「G1」更深。[36]正如羅偉邦的設備和其他比色計帶來的益處，研究人員靠著《色彩辭典》中以數字和字母為基礎的標準化顏色描述，獲得了通用的詞彙，能進行更有效的溝通。[37]

以三原色光量化顏色

　　儘管多數顏色科學家都在1930年代理解了測量顏色的原理，但在呈現測量結果時，仍沒有任何一種測量方法是受到廣泛接受的。此外，他們也**沒有標準化在測量顏色時使用的光線**。光線對於準確的顏色測量至關重要，因為人類必須依賴光線的反射才能感知到顏色。國際照明委員會（Commission Internationale de l'Éclairage，CIE）是一個研發光線與顏色標準的國際組織，他們在1931年建立了一套測量與規範顏色的方法。[38]CIE的系統允許檢查人員靠著評估三原色（紅色、綠色和藍色）來計算和量化顏色。

　　比色計和顏色表為檢查人員提供了一套標準，能用來審查食品顏色的「自然性」或「正確性」，並判斷成品顏色和標準顏色差得有多遠。但是，用肉眼判斷顏色並不能帶來前後一致的結果。肉眼判斷出來的結果取決於觀測者的生理狀況和心理狀態，例如光線、樣品的呈現方式與觀察者的疲勞程度。[39]由於這個世界上不會有兩個人能以完全相同的方式

對同樣的光線和顏色刺激做出一樣的反應，所以不同的研究人員在比對樣本顏色和標準顏色時，測量出來的數據會出現差異。此外，在食品業擴大了產品線，食品生產和食品加工技術也日益複雜後，專家越來越難精確且詳細地了解所有產品的知識，也更難做出準確的判斷。[40]

測量物體的光學性質：分光光譜儀與比色計

1920和1930年代，顏色科學家在研究顏色時，開始試著使用「分光光譜儀」（spectrophotometer）這種新設備來取代人眼。分光光譜儀能計算出食物和飲料樣本的光線反射強度，提供量化的顏色測量結果。[41]1920年代晚期，麻省理工學院（Massachusetts Institute of Technology）物理系的亞瑟・哈迪（Arthur C. Hardy）研發出了分光光譜儀，他是最早研發出此類儀器的人之一。[42]哈迪把他的專利權轉給奇異集團，奇異集團在1935年開始商業生產分光光譜儀。[43]許多食品業的行業雜誌都在報導中指出，分光光譜儀是革命性的發明。舉例來說，行業雜誌《油脂產業》（*Oil and Fat Industries*）將哈迪的分光光譜儀稱做沒有視覺誤差的新技術。[44]然而，這臺機器其實很難使用。它並不是自動的，需要使用者進行大量計算才能評估顏色。直到20世紀中後期，比色計（colorimeter）才終於變成全自動的儀器。

儘管如此，1920和1930年代的研究人員仍因為使用分光

光譜儀和其他比色計，能以更一致的方法檢測顏色。[45]食品
公司的主管和製造商都很清楚，他們的產品只要有「微小的
顏色差異，就會使銷售額出現數千美元的差別」。[46]分光光
譜儀不但能以不須人工的方式測量顏色，還能免去計算錯誤
和個人感知差異帶來的偏誤，更可以在測量顏色時提供「明
確且永久的紀錄」。[47]標準顏色的原始色調（例如羅偉邦色
調計的玻璃板、孟賽爾色譜的顏色表，以及梅爾茲和保羅的
《色彩辭典》）會隨著時間推移逐漸褪色，褪色速度取決於
設備和印刷品的儲存環境。由於分光光譜儀測量顏色的方式
是計算光線反射，而不是使用顏色樣本，所以分光光譜儀得
出的結果幾乎永遠都是一致的。

　　分光光譜儀的出現代表人們在測量顏色時逐漸減少使用
人體，轉而使用能夠超越任何人和身體的測量標準。1939
年，美國農業部的化學家班傑明・馬蘇洛夫斯基（Benjamin
I. Masurovsky）在行業雜誌《食品產業誌》中發表了〈如何
獲得正確的食物顏色〉（How to Obtain the Right Food
Color）一文，他指出，顏色是消費者選擇和評判食物時使用
的一種「標竿」：「毫無疑問的，這種視覺吸引力在很大的
程度上取決於食物的顏色。而我們是因為在視覺與記憶之間
建立了連結，才會受到這種顏色的吸引。因此，若要獲得這
種視覺吸引力，食物的顏色必須是正常且正確的。」[48]我們
可以從他強調食物顏色應該要「正常且正確」的論述中得

知，他認為視覺的記憶和知覺不只是個人的感受或感知，相反的，視覺應該是一種可以常態化與標準化的共同經驗。此外，根據馬蘇洛夫斯基的觀點，個人的記憶和視力並不可靠，相較於用人體的視覺器官來了解顏色的「真相」，使用測量機器才是比較可靠的方法。

顏色的心理影響與消費者偏好

為了使食品看起來「正常」且「正確」，食品生產商必須理解正確顏色的確切意義與實際外觀。綠豆應該要多綠？奶油應該要多黃？柳橙應該要多橘？企業必須了解食物應有的外觀，以及如何再現應有的顏色，這對食物的可銷售性會產生很大的影響。一位食品化學家在1941年指出，若企業把顏色當作一種控制品質的手段，將能「幫助企業避免財務出現赤字」。[49]食品製造商希望能透過測量和量化顏色，把食物商品的實際外觀轉變成人們預期的「正確」顏色。

科學家和食品生產商因為色譜系統和測量儀器的出現，得到了顏色的「客觀」知識，以及量化和標準化食物顏色的方法。正如藝術史學家強納森・柯拉瑞（Jonathan Crary）在他對19世紀視覺文化研究中所說的，測量和觀察顏色的新方法代表「資本主義現代化」有了長足進步：他們訓練食品製造商和科學家「**重新編寫眼睛的運作方式，嚴格管控眼睛，提高眼睛的生產率並防止眼睛分心**」。[50]我們的眼睛在市場上

看到的顏色，不再是大自然餽贈給我們的各種多變色彩，而是
大規模生產商使用新的顏色測量工具選擇出來的少量顏色。分
析顏色的儀器從根本上改變了人們對顏色的理解方式，對於食
品製造商來說，若想要讓食物擁有一致的「天然」顏色，就必
須應用人們對顏色的合理感知與標準化感知。

　　然而，在測量與判斷食物的正確顏色時，就算使用了比
色計，我們也無法完全排除人為參與。測量食物的顏色是一
項很複雜的任務，涉及多種領域，包括生理學、物理學、電
子學、光學和心理學。[51]在這之中，顏色對食品購買者產生
的心理影響是個格外困難的題目。顏色科學家桃樂絲·尼克
森在1920年代晚期提出：「若要測量顏色，我們就必須從心
理層面處理顏色——重要的是我們看到了什麼，而不是顏色
刺激的波長是什麼。」[52]雖然我們能從光電測量儀器中獲得
定量數據，但這些數據不會告訴我們消費者對顏色的偏好，
或者他們是否喜歡、甚至能否接受特定食物的顏色。在食品
業的行銷策略中，顏色的心理影響與消費者偏好變成了非常
重要的一環，食品業中因而開始出現顏色顧問和顏色行銷經
理人等新職業。

用顏色銷售產品

　　在20世紀的頭數十年間，「色彩革命」超出了科學的領

域，改變了百貨公司、雜貨店和城市街道的視覺環境。[53]對許多企業來說，把顏色理論應用在行銷上是非常關鍵的一件事，他們這麼做是為了理解消費者對設計的偏好以及有效使用顏色的方法。廣告代理商和所謂的顏色顧問使用了新引進的彩色印刷與彩色照片技術，並應用了有關顏色的科學研究，展示了促進食欲的食物圖片給消費者看，這些手法也推動消費者的視覺逐漸改變。

早期的食物視覺呈現方式

在人類歷史中，用視覺媒介呈現食物是十分悠久的傳統。從古代的希臘人和羅馬人開始，多樣化的水果——包括無花果、桃子和葡萄——一直都是大自然物產豐饒的象徵。到了17世紀，靜物畫已經變成了廣受歐洲人接受的藝術類型，其中最著名的是佛蘭芒畫派（Flemish）。[54]荷蘭的畫家繪製了許多以食物與其他自然景物（例如鮮花）為主題的彩色畫作，這些作品象徵了荷蘭的跨國權力和財務富裕。正如歷史學家西蒙·夏瑪（Simon Schama）指出的，我們可以把這些以食物為主題的彩色靜物畫視為商品拜物主義（commodity fetishism）的早期展現，與此同時，這些畫作也傳達了人們對錢財的正當性和持久性所抱持的焦慮感。[55]食物的畫作——例如吃了一半的麵包、垂在桌緣的橘子皮、牡蠣殼和圓潤的葡萄——象徵的是生與死、混亂與秩序、放縱與戒欲、富饒與節儉、物質

與精神之間的連結。這些作品往往是用來傳達寓言和聖經故事的一種符號。[56]

19世紀中期，視覺和味覺變成了平版印刷和攝影師在藝術創作和商業創作上的主題。威廉・亨利・福克斯・塔爾伯特（William Henry Fox Talbot）是最早拍攝食物照片的攝影師之一，他在1845年拍攝了《水果作品》（*A Fruit Piece*），照片中有一張桌子，桌上有一個裝滿桃子和鳳梨的籃子，看起來就像是靜物畫。[57]可機械複製的藝術逐漸推動了企業把食物的影像用在商業上。[58]早餐麥片盒與罐裝蔬果的影像逐漸取代了切片牛肉、吊掛著的雞和新鮮桃子的影像，但有時前者和後者會同時出現。正如傑克森・李爾斯所說的，在19世紀晚期到20世紀早期，食品廣告不再表現出對特定社會的信仰或象徵意義，越來越多食品廣告以抽象的方式表現出富饒的意象，藉此使人們脫離物質世界。[59]廣告商這麼做，不一定是想徹底消除食物影像中的寓言意義，他們重新塑造富饒的意象主要是為了銷售產品。

彩色廣告與顏色顧問

不過，在廣告和其他印刷品中，「色彩革命」的發展十分緩慢。雖然1920年代有一些引領潮流的流行雜誌調降了彩色印刷的比例，但四色印刷的支出仍比黑白印刷高出將近5成。[60]智威湯遜廣告公司是1920年代美國最大的廣告代理商

之一，1922年，公司的其中一位廣告專員在內部新聞函件中指出，除非顏色能對行銷產生重大影響，否則彩色印刷的成本根本不合理。[61]但是廣告需要使用顏色的理由沒有那麼簡單。有些廣告商認為黑白印刷品就已經夠好了，有些廣告商則覺得黑白印刷品與彩色印刷品一樣有效。李文斯頓‧拉尼德（W. Livingston Larned）是《印刷者的油墨》（*Printers' Ink*）的雜誌專欄作家，他在1925年出版了一本有關廣告插圖技術的書，並在書中指出，在使用黑白圖片時，只要技巧性地應用「圖片與現實的密切關聯與多不勝數的細節」，黑白圖片就能具有「藝術魅力和新穎性」，可以「在眾多色彩之中，戰勝缺乏色彩帶來的缺陷」。[62]有一些廣告商甚至認為，由於人們平時所處的環境充滿了自然界中的各種顏色，所以黑白圖片看起來反而比較「新奇」，比彩色圖像更能吸引消費者的目光。[63]

　　廣告代理商、印刷公司和出版社都在推廣彩色圖片的價值，部分原因在於彩色頁面的利潤比黑白頁面更高。美國印刷與平版印刷公司（US Printing & Lithography Company）在1923年的《印刷者的油墨》雜誌中向廣告商宣稱：「顏色是全國推銷員」，言下之意就是，彩色圖片將增加產品的銷售量。[64]該雜誌之後又在1929年指出：「迷人的彩色平板印刷廣告可以改變一個國家的習慣。」該雜誌以繽紛的香吉士（Sunkist）彩色廣告為例，強調彩色圖片必定能為廣告商帶來「銷售上的成

功」。[65]1925年，柯帝斯出版社（Curtis Publishing Company）
開始尋求願意使用彩色圖片的廣告商，在《女性家庭雜誌》
（*Ladies' Home Journal*）中買下四色廣告的頁面。即使廣告商
只想使用2種顏色，他們也必須支付四色印刷的費用。此外，
柯帝斯出版社要求那些想要使用彩色圖片的廣告商，一年內至
少要在《女性家庭雜誌》上刊登6頁四色廣告。[66]從1913年至
1938年，《女性家庭雜誌》靠著彩色印刷獲得的廣告收入出現
了大幅上漲，從總收入的11%上漲到將近50%。[67]

　　對廣告商來說，彩色廣告的優勢包括了顯眼、情感吸引
力與真實感。消費者會因為商品與品牌的顏色而辨別出廣告
目標和競爭對手的不同。此外，顏色也能引起消費者的注
意，還能幫助店家和消費者對商品有更明確的視覺想像。奇
異集團的物理學家馬修・拉克許在1926年出版的著作中指
出，顏色在廣告和商品銷售中尤其重要，這是因為廣告「主
要是透過視覺」來吸引消費者，他認為在吸引消費者注意力
時，視覺是最有效率的。他提到，很少有人「能夠光靠著言
詞描述或黑白圖片，就在心中描繪出商品的實際外觀。」[68]
許多廣告商都認為顏色不但能引起觀看者的注意，還能對他
們產生情緒與心理方面的影響，並進一步改變他們的行為。
顏色為圖片帶來的真實感，對於食品廣告來說尤其重要。[69]
逼真的彩色圖片能以生動的方式使食物看起來「很好吃」又
具有吸引力。[70]畢竟哪有人會想吃黑白相間的食物呢？

　　1920和1930年代，商業界更廣泛地認可了顏色的價值。然而，用拉克許的話來說，在顏色方面，商業界裡可以找到「許多粗心大意的例子，以及不了解基本原則的事例。」[71] 雖然科學研究可以為銷售人員和製造商提供有關顏色機制的知識，但廣告商在使用顏色時，仍需要學習更實用的方法，多數廣告商仍在實驗哪些方法比較適合。[72]

　　顏色顧問變成了新興職業，在廣告和產品設計方面為公司提供如何使用顏色的建議。費伯・比倫（Faber Birren）是業界最傑出的專業顏色顧問之一，他曾在許多不同的行業工作，包括食品業、化工業和汽車業。比倫於1900年出生於芝加哥，以出版工作展開職業生涯。35歲時，他搬到了紐約市，以顧問的身分創辦了自己的公司。他很感興趣的其中一個領域是顏色在生理和心理方面對人造成的影響，並在「功能性色彩」的研究中扮演了開創性的角色——使用顏色，能在工廠、醫院和學校等工作場所提高生產效率和安全性。例如，比倫曾建議一家製造廠改變牆壁的顏色，減緩工人的眼睛疲勞。到1940年代後期，他已經獲得了大量客戶，包括杜邦公司、華特迪士尼（Walt Disney）和美國海軍。[73]

　　和比倫同時代的霍華・凱奇姆（Howard Ketcham）也以顏色顧問的身分，在顏色這個新興領域做出了重要貢獻。凱奇姆從阿默斯特學院（Amherst College）畢業並進入紐約設計學院（New York School of Design）就讀，在1925年至

1927年為廣告代理商麥肯（H. K. McCann）擔任藝術總監，
接著他加入了杜邦公司，擔任杜科顏色顧問服務公司（Duco
Color Advisory Service）的總監。1935年離開杜邦公司後，
他在紐約市成立了自己的顏色顧問公司霍華凱奇姆公司
（Howard Ketcham Inc.），並為杜邦公司、奇異集團和泛美
航空（Pan American World Airways）等公司工作。[74]

　　像比倫和凱奇姆這些顏色顧問都是使用顏色的專業權
威，他們以自己認定的顏色「科學」法則，推動食物行銷使
用更多顏色。比倫認為，顏色不僅僅和藝術品味有關，也在
實際規則和客觀知識方面對人類產生了影響。1929年，比倫
在《印刷者的油墨》上發表一篇文章，指出顏色進入廣告
後，就是一種「民主」和「科學」的實踐，而不是「僅限於
藝術領域中」或「某種敬虔的天才」才能使用的東西。[75]但
比倫在1945年出版的《用顏色銷售產品》（_Selling with
Color_）一書中寫道，顏色也不是每次都能「揮舞魔杖」施展
魔法。顏色的價值和有效性，很大程度上都取決於「明智且
適當地應用顏色的力量」。舉例來說，根據比倫的說法，在
企業為食品外包裝、盤子和餐廳內部裝潢選擇顏色時，「最
能『刺激食欲』的顏色」是「暖紅色、橙色、淡黃色、桃
色、淺綠色、淺棕色和棕色」。「深藍色和亮紅色」在食品
包裝中是「十分出眾的顏色」。[76]凱奇姆也指出顏色在食品
銷售中可以刺激消費者的味覺，是十分重要的一環。1939

年，凱奇姆在美國甜品商協會舉辦的會議上指出：「調色已主宰了世界……在所有領域和所有使用方法中都是如此。」凱奇姆認為，顏色在食品業中格外能幫助企業強調產品的「純淨、新鮮和鮮豔」，還會「影響食欲」。[77]顏色的力量——以及有效使用顏色的方式——逐漸成為多數人都承認的概念。

1920年代中期，越來越多公司開始認為彩色廣告比黑白廣告更有吸引力，也更能帶來利潤。[78]許多流行雜誌都使用了四色印刷，四色印刷的圖片比雙色印刷的圖片更生動，也更能呈現出「正確的畫面效果」。[79]舉例來說，在1907年，《星期六晚郵報》有5%的廣告頁面是彩色的，到了1922年則上升到28%。[80]根據一位廣告代理商所說，彩色是「現代雜誌最突出、最令人驚嘆也最引人注目的特點」。[81]

彩色圖片：將食品外觀「理想化」與「標準化」

在廣告代理商的顧客中，食品業是彩色廣告的主要使用者之一，食品業認為逼真的彩色圖片能「刺激食欲」。[82]廣告代理商對彩色圖片的理解，反應出那個時代的人大多會以性別為基礎來理解食品購物模式和顏色效應。當時的人普遍認為，負責購買和烹飪食物的主要都是女性，也認為彩色廣告比較能吸引女性消費者。在1931年的一本雜貨商指南中，作者指出女性的感官知覺「比男性更敏銳」。[83]1937年的另

一本雜貨商行業雜誌也指出：「她使用雙眼購買肉品。」[84]
廣告商認為女性更容易受到顏色影響，因此，為了吸引「女性的興趣」而付出四色印刷的額外成本是值得的。[85]

　　隨著越來越多廣告商開始使用彩色圖片，以及越來越多流行雜誌開始調降彩色頁面的價格，廣告、贈品食譜和流行雜誌中也越來越常出現食品的彩色圖片。1926年，行業雜誌《柑橘產業誌》（*Citrus Industry*）的一篇文章寫道：「如今食品生產商已經學會了要少用文字描述產品，多用圖片展示。同時還要善加利用美國人越來越習慣在選擇前看見食物的行為。」這篇文章的作者強調了吸引目光的重要性，對於銷售柳橙和其他農產品的公司來說，在廣告中重現顏色格外重要。[86]

　　在食品業中，最早使用彩色印刷進行大規模全國性廣告的，是加州柑橘產業和罐頭公司。加州果農合作社（California Fruit Growers Exchange）從1910年代早期開始，在各種宣傳品中使用柑橘的彩色圖片，加強了橙色與成熟柳橙之間的連結。從20世紀初開始，德爾蒙食品（Del Monte）、利比（Libby's）和金寶湯（Campbell's）等罐頭公司也在廣告和產品標貼中使用了彩色印刷。罐頭公司變成了彩色印刷的重要用戶。根據1941年對120家大型罐頭製造商的調查，這些廠商使用的1,755個標貼中，將近一半都使用了4種以上的顏色。[87]由於消費者在購買時無法看到罐頭的內容物，所以標貼上的圖像是罐頭公

司和雜貨商吸引消費者目光與刺激食欲的最佳方式。[88]

　　在印刷圖片上呈現食物時，顏色的自然與和諧至關重要。肉品加工商從1890年代晚期開始為醃肉做全國廣告，其中廣告打最大的是史維夫特公司（Swift & Company）和亞莫爾公司（Armor & Company），但他們的廣告大多是黑白印刷。一些肉品加工商印製了彩色廣告和食譜廣告手冊，但他們比其他產業更慢在宣傳品中使用彩色印刷。根據智威湯遜廣告公司的一位廣告業務所言，由於印刷商「發現了一種特定色調的橙色」，使得肉品廣告獲得了一大突破。[89]這種顏色使印刷圖片中的肉品看起來更高級，廣告商因此得以再現天然又逼真的肉品圖片。到了1920年代晚期，肉品加工商開始在廣告和食譜廣告手冊中呈現亮粉色和淡紅色的新鮮肉類和醃製肉品。

　　肉的顏色和品質之間的關係，絕非自然產生的。事實正好相反，「鮮紅色是優質肉類」的想法是靠著歷史和文化建構出來的。傳統上來說，「鮮紅色」和「櫻桃紅」是描述肉類（尤其是牛肉）時的首選顏色，而「白色」和「乳白色」則用來描述牛肉的脂肪。[90]肉的顏色並不一定代表食用品質：有時候，就算肉的顏色變成了灰色或棕色，口味也幾乎不會有變化。不過，灰色和棕色也可能代表肉類滋生了細菌。若脂肪和組織是黃色的，則可能代表疾病。[91]年老動物的脂肪也會偏黃，而且牠們的肉通常比年輕的牛更硬。[92]然

而，在許多狀況下，脂肪的顏色本來就有可能在白色、稻草黃色與黃色之間變化，這種顏色取決於牛的飼料種類：當牛隻吃的主要是玉米或青草時，脂肪通常會是深黃色的。

　　政府檢查人員之所以常常把鮮紅色的肉和乳白色脂肪評價為等級較高的產品，有部分原因在於疾病的肉類。而鮮紅色和乳白色，也是消費者會在肉類廣告、食譜廣告手冊和食譜書中看到的顏色。[93]1934年出版的《家庭主婦食品採購指南》指出，優質牛肉的顏色是「鮮豔的櫻桃紅色，肉質緊實，紋理細膩，帶有乳白色的脂肪斑紋，最外面是一層薄薄的白色脂肪。」[94]肉品加工商總是推銷特定顏色的肉類，肉品業也會依照顏色分級肉類，這些行為形塑了消費者對「優秀」肉品顏色的期望。同時，廣告和食譜中的彩色圖片也從視覺上告訴消費者，肉類的外觀應該是什麼樣子。

　　印刷品上的迷人食物圖片不僅刺激了消費者的視覺胃口，還為他們提供了「顏色教育」，展現了食物應有的外觀。食譜和女性雜誌一直都在教導家庭主婦如何依據顏色選擇食物。不過，在19世紀的食譜中，有關食品顏色的訊息主要都來自黑白印刷的文字。1823年出版的一本食譜告訴讀者，鮭魚應該是「漂亮的紅色（尤其是鰓的部分），擁有閃亮的鱗片」，魚肉中還應該要有「白色的紋理」。[95]1893年，《女性家庭雜誌》上的一篇文章指出，優質牛肉是「亮紅色的。粉紅色的肉代表疾病，而深紫色則代表牛是自然死亡

的。」[96]由於這些食譜中沒有圖片，所以鮭魚的「漂亮紅色」和牛肉的「亮紅色」到底是什麼顏色，主要取決於消費者的經驗和當地市場的狀況。1920和1930年代，越來越多繽紛的食品廣告出現在全國雜誌上，消費者逐漸從香吉士的柳橙和史維夫特公司的優質火腿等產品廣告中，將食品的外觀理想化與標準化，各種食品都有了「正確」與「天然」的顏色。

彩色攝影：向消費者展現食品的「真實」面貌

　　1930年代出現了一種新的傳播媒介：彩色攝影。這種傳播媒介使顏色變得更逼真、更天然，以彩色攝影進行宣傳也成為廣告業的常態。在1929年的金融危機之後，各式產品的廣告商越來越頻繁地使用彩色圖片吸引消費者的注意力。雖然許多公司的資金不再足以投放廣告，但那些能夠支付彩色印刷費用的企業，紛紛使用彩色圖片呈現他們的產品，刺激消費者的需求，彩色攝影是他們很常使用的媒介。[97]多數的早期彩色圖片都不夠「真實」，原因在於這些圖片都是來自設計師的手繪插圖。就算有了攝影技術，許多印製出來的圖片往往也會因為印刷技術不佳而顯得不太自然。[98]1920年代後期，智威湯遜廣告公司的一位經紀人批評彩色攝影的品質很差，認為許多攝影作品因為看起來很「廉價」，所以「無趣又令人厭煩」。[99]許多廣告商和食品生產商都希望能呈現商品的「真實」顏色與「真正的」圖像，彩色攝影印刷技術

在1930年代的發展滿足了這些廠商的需求。[100]

　　廣告商指出，攝影為食品廣告帶來了具有說服力的真實性和極大的可信度，而手繪插圖只能呈現一種繪製出來的幻想，就算是彩色的也一樣。[101]但是從某種意義上來說，彩色攝影也是一種繪製出來的幻想，畢竟彩色攝影的構圖和顏色通常都是由攝影師精心安排出來的。不過食品廣告商認為，攝影圖片的真實性是一種效率很高的銷售工具，消費者會把圖片視為現實世界的場景，而不是畫家的想像，因此攝影更能展現食物的吸引力。[102]

　　隨著商業攝影在1930和1940年代變得越來越專業化，印刷品也變得越來越常使用攝影。出版商和廣告代理商會去找商業攝影師簽訂專賣合約，他們提供的作品會出現在全國性雜誌的社論和廣告頁面上。[103]舉例來說，智威湯遜廣告公司在1924年到1935年和著名攝影師愛德華・史泰欽（Edward Steichen）簽定了可續簽的合約。[104]1932年，攝影師安東・布魯爾（Anton Bruehl）與康泰納仕出版集團（Condé Nast）的顏色技師費南德・布赫吉（Fernand Bourges）組成團隊。康泰納仕出版集團於1934年出版了《色彩銷售》（*Color Sells*）一書，推廣布魯爾和布赫吉的作品，強調顏色可以創造新市場、吸引注意力，並以更棒的方法展示商品。[105]該書收錄了66家公司的彩色廣告，這些公司都使用了布魯爾和布赫吉的彩色照片，包括可口可樂（Coca-Cola）、亨氏（Heinz）、家樂氏

（Kellogg）和通用磨坊（General Mills）等食品製造商。[106]在1935至1945年間，《麥考爾雜誌》（*McCall's*）委託攝影師暨奧運擊劍選手尼古拉斯・穆雷（Nickolas Muray）為雜誌的家政與食物頁面提供彩色照片。[107]穆雷的彩色食物照片栩栩如生，為觀眾提供了理想化、標準化但又「真實」的食物圖片。

食品廣告商透過精心構圖且色彩鮮豔的清晰照片，向消費者展示食品的「真實」外觀，刺激他們的食欲。廣告商認為，攝影之所以如此有效，不只是因為照片具有「美感」，更是因為照片具有「解釋能力」。[108]直到20世紀中葉，食品廣告中的彩色攝影數量才超過手繪插圖的數量，但早在這之前，食品廣告就已經逐漸側重彩色照片了。[109]雜誌和廣告中不只充滿了色彩，也充滿了「真實」的攝影照片。廣告商認為在使用彩色攝影「解釋」他們的產品時，能為消費者重製與呈現食物的「真正」外觀，他們認為攝影比彩色平板印刷和其他描述產品外觀的媒介更有效益。隨著印刷和攝影技術的進步，彩色圖片成為許多廣告商銷售產品時的強大力量。

技術的革新，重新定調食物的視覺性

在20世紀的頭數十年間，伴隨著消費資本主義的崛起，物質世界的面貌和外觀也出現了根本的變化。在變化的過程

中，食品工業中的顏色管理扮演了十分關鍵的角色。科學家和技術人員提供了工具，能確定與標準化食品的顏色；廣告代理商、主流雜誌的編輯和個別顧問紛紛開始公開發表食物的外觀應該是什麼樣子；顏色測量技術和色譜系統透過量化顏色，幫助農業生產者和食品加工場制定了一套標準，使他們得以確定某種食物的顏色是否符合標準；廣告代理商和顏色顧問變成了一種專業，能為公司提供產品設計和產品顏色的建議。他們採用了新引入的彩色印刷和攝影技術，幫助企業創建出特定產品的理想樣貌。

這種新的視覺性不僅比以前更加繽紛，還能大量生產、標準化和合理化。**顏色變成了一種可以再現和消費的商品。**科學家和食品加工廠在檢查和測量食物的顏色時，把顏色視為與產品分離的一種物質，而不是產品的固有特性。他們希望能藉此量化視覺感受，了解特定食物應該具有何種正確且天然的顏色，並將這種理解視為「客觀」知識。流行雜誌、廣告和其他印刷品使用彩色圖片來呈現、傳播與重申「這些食物具有『正確』顏色」的概念。食品顏色的新觀點奠定了基礎，在20世紀促進食用色素產業的擴展、食用色素和等級標準的法規，以及（人工創造的）自然和新鮮的標準化。

第三章

讓食物變好賣的
食用色素

The Color of Dye

隨著合成食用色素在1870年代問世，食品業的顏色標準化也取得了重要的進展。在大規模生產和行銷的新興時代，最顯著的商業特徵就是低利潤、低價格和全國大量分銷，而標準化的食品顏色使那些率先使用了合成色素的公司獲得了競爭優勢，在酪農業和甜品產業尤其如此。隨著食用色素產業的發展，到了1930年代，食品製造商開始為各種產品調色，包括天然奶油、人造奶油、起司、香腸、義大利麵、罐頭食品、冰淇淋、果凍和糖果。於是，統一的顏色變成了食品業的常態。然而在食用色素的使用範圍逐漸擴大後，實際與感知上的健康威脅也出現了。因此，食品製造商可以透過確保色素的安全性與一致性獲得優勢。食品調色的科技發展和法規改變了人們看待食物的方式，以及對食物顏色的了解。

隨著食用色素產業興起，政府也制定了新的食品安全政策。食用色素法規規定了安全色素的準則，並標準化市場上的食品顏色。[1]政府的食安政策針對食品業控制顏色的方法制定了一套法規（也就是為他們背書），促進食品業把食品顏色控制整合進產業中。另一方面，用企業管理學教授唐娜・伍德（Donna J. Wood）的話來說，**色素製造商會「策略性地利用公共政策」，強調配合食品法規的重要性，積極參與食用色素標準的建立與執行**，海曼科恩斯塔姆公司（H. Kohnstamm & Company）和修哈漢公司（Schoellkopf,

Hartford & Hanna Company）就是典型例子。[2]

食用色素產業的興起

　　過去數千年來，控制食物顏色一直都是各個文化中的常見行為，至少從古埃及人使用番紅花為各種食物上色以來就是如此。在古埃及，番紅花是重要的貿易商品，主要來自亞洲。當時要購買番紅花，得用幾乎等重的黃金來換。在許多文明社會中，番紅花的顏色象徵啟蒙、光明與知識。由於番紅花在經濟和文化上具有重要意義，所以能使用番紅花或用它來為食物上色的人，通常都擁有財富和智慧。[3]自16世紀西班牙征服中美洲以來，胭脂蟲紅（從昆蟲中提取的紅色色素）在歐洲貴族和上流社會的消費者之間變得非常流行，歐洲人把這種色素用在紡織品、藝術繪畫和食物調色上。由於胭脂蟲紅美麗、鮮豔又穩定，所以成為對歐洲人來說能賺進大筆利潤的商品。[4]1880年代晚期，胭脂蟲紅在紐約市場的交易價格大約是每磅2至2.5美元（換算後大約是2018年的54.5至68.1美元）。[5]一直到19世紀晚期，這種天然色素一直都是世界各地的製造商和消費者大量使用的色素之一。然而，由於天然色素的價格昂貴，所以較少使用在食品中。

合成色素的引進

從1870年代開始,食品製造商開始轉而使用新引進的合成色素。這些化學合成的顏色為食品製造商提供了嶄新、划算、方便又具有一致性的食品上色方法。合成色素通常比天然色素更穩定,上色能力也更強。由於合成色素的濃度高,所以在為食品調色時,合成色素的使用量遠低於天然色素,因此對廠商來說,合成色素是比較划算的選擇。此外,多數天然色素遇到陽光直射時會褪色,而合成色素比較不容易受光線影響。[6]

合成色素的這些特點,使色素產業和食品製造商能夠大量製造出價格划算且品質一致的產品。色素製造商只要製造與銷售一種色素,就能用在許多不同的產品上。食品加工廠可以改變他們添加進食品中的合成色素總量並混合多種顏色,為不同的產品創造出不同的顏色,因此他們也能從大規模生產的廉價合成色素獲益。舉例來說,食用藍色1號(Brilliant Blue FCF)可以為豌豆罐頭、冰淇淋、蛋糕的糖霜和軟性飲料添加藍色或綠色的色澤。[7]食品製造商使用豌豆罐頭的綠色來幫助消費者想像天然和新鮮,而冰淇淋和糖霜的綠色和藍色則能代表口味和審美上的差異。

使用食用色素的先驅

19世紀晚期，化學工業逐漸興起，合成食用色素的早期製造也是化工發展的一部分。德國在色素產業領先全球，在1870年至1914年間主導了全球的合成色素生產。到了1881年，德國公司生產的合成色素占了將近全世界合成色素的一半。美國的反壟斷法限制了同業聯盟的運作方式，而德國則和美國不同，其政府針對專利、同業聯盟和研究建立了相關政策，推動了化學工業的發展。此外，德國公司的全球市場、銷售策略與開創性的研究實驗室都推動了工業上的創新。19世紀晚期，德國化學工業憑藉著強大的經濟實力和先進的技術，建立了全球性的市場。[8]

德國移民是最早認識到食用色素具有潛在利潤的人之一，他們在19世紀中後期協助建立了美國的色素交易。約瑟夫・科恩斯塔姆（Joseph Kohnstamm）於1840年代移居紐約市，把他們家族的合成色素公司擴展到美國市場。1851年，他開設了自己的辦公室，成為紡織、印刷和油漆產業的色素進口商和供應商。在科恩斯塔姆去世後，他的兄弟海斯林（Hesslein）和他的表親海曼・科恩斯塔姆（Heiman Kohnstamm）先後接任了他的位置，海曼重組了公司，在1876年成立了海曼科恩斯塔姆公司。4年後，海曼開始製造合成色素，主要供應給紡織品業和油漆業，接著很快就著手開

發食用色素，將品牌名稱取為「圖譜色彩」（Atlas Colors）。他為了圖譜色彩從德國進口了原料，提煉出食用色素。[9]

製造食用色素的另一個先驅是紐約水牛城的修爾科夫苯胺化學公司（Schoellkopfe Aniline & Chemical Company）。公司創辦人雅各・佛德瑞克・修爾科夫（Jacob Frederick Schoellkopf）是一位很有遠見的商人，他在1842年移居美國時年方23歲，在美國成功地拓展了多種不同業務，包括製革產業、麵粉加工業和色素製造業。他曾在德國接受製革的培訓。修爾科夫於1879年創立了修爾科夫苯胺化學公司，目的是滿足紡織業和造紙業對廉價合成色素日益增長的需求。修爾科夫主要從事管理工作，他的2個兒子曾在德國研讀化學，修爾科夫僱用了一位德國化學家為他們針對合成色素的生產提供諮詢。修爾科夫在1899年去世後，他的兒子在1900年合併了修爾科夫成立的3個色素公司，成立了修哈漢公司。[10]合併後，公司開始嘗試生產食用色素。到了1910年代早期，這間公司已變成了美國首屈一指的色素製造商，市占率高達50%，產品包括食用色素和非食用色素。[11]

這些德國移民企業家意識到，色素的經濟潛力可以和其他從德國進口的產品相媲美。進口色素必須繳交很高的關稅，因此國內生產的色素將會比德國進口的同類產品便宜得多。然而，美國的色素製造商必須和德國產業進行激烈的競

爭。德國公司把美國不生產的色素原料賣到美國時會收取高額費用，藉此控制美國的化學市場。1883年，由於紡織業和造紙業施壓，表示他們需要廉價的德國色素，所以國會大幅降低了所有色素的進口關稅。美國至少有9間合成色素廠商因為1883年的關稅不得不關閉。[12]海曼科恩斯塔姆公司和修爾科夫家的公司靠著德國的進口色素、教育和人力資本等資源，順利存活下來並擴大了業務範圍。[13]

調色奶油

酪農業是食品業中最早使用合成色素的行業之一。歐洲的酪農從14世紀就開始為奶油調色了，因此對於歐洲人來說，為奶油調色一直都是很普遍的做法。[14]奶油的真正顏色會隨著季節變化，從夏季的亮黃色到冬季的淡白色，這些顏色取決於飼料種類、牛的品種和泌乳期。夏季時——尤其是從5月下旬到6月——牛都在綠色的草場上覓食時，這些青草富含胡蘿蔔素和葉黃素這兩種黃色色素，因此奶油的顏色是亮黃色。到了秋季和冬季，牧場上的草逐漸乾枯，牛的主食變成了乾燥的粗飼料和穀物，奶油也就變成了淡黃色。在品種方面，海峽島牛（Channel Island）生產的奶油通常比荷蘭牛（Holsteins）和愛爾夏牛（Ayrshire）的更黃。在泌乳期剛開始時（通常是初夏），由於冬天的牛都已經連續擠奶數個月了，鮮奶油和奶油的顏色往往會比冬天的顏色更深。初夏

富含胡蘿蔔素的新鮮食物也會為奶油增添更豐富的口味、更
多的營養。對生產者與消費者來說，亮黃色也就代表了優良
的食用品質。[15]酪農和商人常把奶油在初夏的鮮豔顏色稱為
「六月色」，並認為這是奶油最天然、最標準的顏色。[16]

　　在企業廣泛使用合成食用色素之前，製作奶油時最常使
用的色素是胭脂樹紅，這種色素是從胭脂樹（*Bixa orellana*）
的種子中提取出來的，胭脂樹紅的英文「annatto」指的就是
胭脂樹的種子。使用胭脂樹紅調色的奶油，比使用其他調色
原料（例如胡蘿蔔汁）的奶油更接近理想顏色，但是製作胭
脂樹紅十分費時，通常需要3到4天。[17]胭脂樹原產於中南美
洲，[18]依照這些地區的傳統，藉由人體彩繪和頭髮染上胭脂
樹紅，抵禦包括疾病在內的邪靈，增加狩獵的成功率。原住
民社區也會把胭脂樹用在生命循環方面的儀式、戰爭顏料以
及為食物調色。[19]16世紀初，西班牙征服墨西哥後，胭脂樹
便被引入了歐洲。英國、西班牙和法國從他們的殖民地進口
色素，不僅可以為食物調色，還可以為絲綢和其他紡織品上
色，這些殖民地包括厄瓜多爾、蓋亞那、牙買加和瓜地洛普
島。胭脂樹變成了這些歐洲殖民地運往歐洲和北美的主要產
品之一。[20]牙買加是最早開始商業化製造胭脂樹提取物的殖
民地之一，大部分產品都出口到了美國。[21]

　　1870年代，隨著天然奶油、人造奶油和起司的調色在美
國和歐洲逐漸商業化，胭脂樹紅色素的使用量也迅速增加。

包括克里斯多福韓森實驗室公司（Christopher Hansen's Laboratory Company）和威爾斯理查森公司（Wells, Richardson & Company）在內的幾家色素製造商，專門為奶油推出了以胭脂樹紅為基礎的幾種色素，就叫做「奶油色素」（butter colors）。[22]酪農會用少量冷水稀釋奶油色素，然後加入到奶油中，接著再開始攪乳（churning）。奶油中添加的色素多寡取決於市場需求、季節、色素的濃淡以及乳脂的顏色和濃郁度。[23]酪農的傳統做法是用胡蘿蔔和胭脂樹提煉色素，自己製作色素。在奶油色素出現商業化生產後，他們只要從附近的供應商那裡購買裝了色素的容器，往奶油裡添加色素溶液，就能為奶油調色了，不再需要花時間從蔬菜汁中提煉色素。

克里斯多福韓森實驗室公司和威爾斯理查森公司在1870年代晚期推出了他們的第一款合成奶油色素。新澤西州紐華克市（Newark）的海勒莫茲公司（Heller & Merz Company）開發了合成色素，稱為黃色AB（Yellow AB）和黃色OB（Yellow OB），用來給奶油和其他食品上色。[24]這些合成色素是脂溶性的，很適合為奶油和起司這一類的脂肪上色。威爾斯理查森公司向農場雜誌《西部農村》（Western Rural）的讀者保證，新的合成奶油色素「不會變質、能調出最鮮豔的顏色，是最便宜的色素」。[25]到了1900年，合成的奶油色素幾乎完全取代了胭脂樹紅色素。[26]

　　調色奶油的成本出現顯著下降。1907年，天然奶油色素的價格約是每加侖2美元（是2018年的55.1美元），而合成色素的價格則是每加侖1.6至1.7美元（是2018年的44.1至46.9美元）。若想用色素把奶油調整成滿意的顏色，天然色素的用量是合成色素的2至3倍。[27]色素製造商強調，顏色是用來決定奶油的等級和商業價值的重要因素，藉此提高色素的經濟效益。威爾斯理查森公司在1916年的一則廣告中（「奶油的顏色越漂亮，能帶給你的利潤就越高」）強調，只要企業使用他們公司的色素把奶油的顏色變成「富饒的金色色調」，就能獲得更多的利潤。[28]許多奶油色素製造商都用類似的說法，強調只要酪農在產品上投資數美分，就能帶來好幾美元的收益。

　　奶油色素對酪農來說就像整套的解決方案，除了上述優點外，還有助於標準化奶油的顏色。當酪農各自使用各種不同的調色原料與不同的調色方法時，每位酪農製作出來的色素顏色和奶油顏色都會出現顯著的差異。事實上，顏色的一致性也是奶油色素製造商向酪農強調的好處之一。威爾斯理查森公司在1905年的一則廣告中指出，產品的顏色「永不改變──絕對不會褪色」。[29]

　　奶油色素製造商會積極參加乳製品競賽，他們的目的不只是讓企業使用他們生產的色素，也是希望企業能更全面地對奶油進行調色。乳製品競賽中會有數位裁判，這些裁判通

常會是來自各州乳製品部門的官員與合作社代表，他們要負責替乳油廠和農民生產的奶油與起司做排名。他們在判斷奶油品質時使用的主要標準是顏色和口味。奶油色素製造商會頒發獎金，給使用他們公司產品贏得乳製品競賽的酪農。舉例來說，只要有奶油製作者使用儲存劑製造公司（Preservaline Manufacturing Company）的商品在明尼蘇達州博覽會（Minnesota State Fair）上獲得最高分，公司就會提供5美元的現金獎勵。[30]奶油色素製造商常會公開宣傳競賽獲勝者使用的是他們公司的產品，藉此證明他們的產品有多優秀。[31]

甜品與便士糖果

甜品業是使用合成色素的另一個先驅產業，也是食品業中消費最多色素的一個產業。成本的論述對甜品生產商來說特別有吸引力，這是因為只要「2、3格令（grain，一格令是0.065克）」合成色素就能「為數百磅的糖果調色」。[32]由於糖果製造逐漸機械化，糖價也不斷下降，因此到了19世紀下半葉，消費者越來越容易買到俗稱「便士糖果」（penny candy）的廉價糖果。到了1870年代早期，便士糖果無所不在，無論是糖果店、街角商店、廉價商品店和報攤都有賣。[33]甜品製造商很快就開始使用合成色素來增加利潤。

由於使用化學合成的色素可以穩定地調製出各種不同的顏色與深淺，所以甜品製造商可以讓不同口味的甜品呈現出

不同的顏色。色素製造商在向甜品製造廠推銷色素產品時，會發送食譜小冊子和商品手冊給他們。這些食譜通常都會包含利用混和色素來製作出特定顏色的配方，如將酒石黃（Tartrazine）和橙色1號（Orange I）以85：15的比例混合，出現的會是「卵黃色」；將酒石黃和幾內亞綠B（Guinea Green B）用97：3的比例混和，就能製作出「萊姆綠」。[34]調色配方和手冊能幫助甜品製造商依照消費者對特定食物（例如雞蛋和萊姆）印象，製作出「天然」的顏色，不過事實上，真正的食物看起來並不一定會是合成色素製作出來的顏色。**由於消費者將顏色與口味之間做了連結，加上食用色素的使用越來越盛行，所以甜品製造商能夠把產品的顏色標準化。**

　　海曼科恩斯塔姆公司的食用色素在甜品製造商中格外受歡迎，這些甜品製造商反過來宣傳這些色素是很安全的食品原料（第89頁圖3.1）。在1906年的美國甜品商協會年會上，協會主席表示他很「感謝」海曼科恩斯塔姆公司在政府反對使用合成色素時，「為了克服這些偏見而堅持不懈地完成了聰明絕頂的工作」。[35]美國甜品商協會的執行委員會也指出，海曼科恩斯塔姆公司為了甜品業的利益付出了「持續、有效又有科學根據的努力」。[36]甜品製造商非常想要消除政府官員和消費者對於甜品色素的「偏見」。在報紙和行業雜誌中都有大量文章在報導，鮮豔的糖果導致兒童生病甚至死亡的事件。甜品製造商嚴加否認他們的產品對健康有害。但

醫學專家和政府科學家都指出甜品中的色素是有毒的，尤其是廉價糖果。[37]

醃肉製品

到20世紀初期，整體來說，合成色素的使用在食品業中變得越來越普遍了。肉品加工商開始使用色素為醃肉製品（包括培根、香腸和火腿）製造出「天然」的顏色。[38]在1905年的一份肉品加工手冊中，作者建議屠夫將紅色色素與香腸填料混合在一起，或將腸衣浸泡在色素溶液中，使最後的成品獲得「完美」的外觀，看起來像是「重口味的煙燻肉品」。[39]芝加哥的一家化學品製造商威廉斯坦格（William J. Stange Company）將食用色素分裝成「重量精確」的小包裝。每個小包裝中都含有固定量的食用色素，分量剛好能為一份肉品調色。肉品加工商能夠為商品添加一致的均勻調色，而且無需測量色素的分量。[40]1900年的一本肉品加工手冊中，刊登了一則肉品防腐劑的廣告，強調肉類產品擁有「天然」顏色的重要性：他們的產品「能製造出天然、明亮、新鮮的肉品顏色，如果使用得當，就連專家也無法分辨出香腸的顏色是人造的」。[41]肉品加工商還使用了各種甜味劑，例如葡萄糖和玉米糖漿等，這些甜味劑可以提亮和穩定肉品顏色，為產品增添調味。[42]於是「天然」的顏色變成了人工製造出來的產物，天然和人工之間的界限變得難以辨

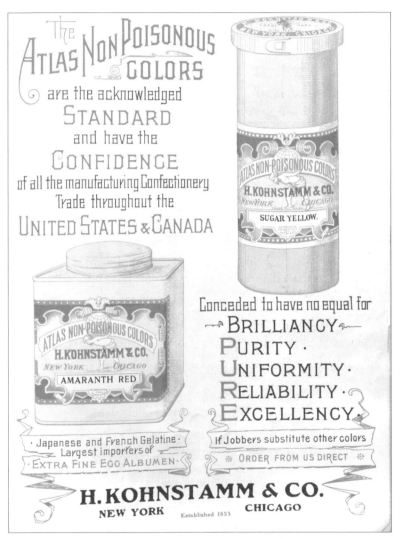

圖3.1　這則食品色素廣告刊登在甜品業的行業雜誌中，出版之後政府才頒布1906年的《純淨食品與藥物》。由於社會大眾越來越擔心合成色素的安全問題，因此該公司在廣告中強調了色素產品是安全無汙染的。海曼科恩斯塔姆公司的廣告，刊登在1906年的《甜品製造商期刊》（*Confectioners Journal*）上，本圖片源自國會圖書館（*Library of Congress*）館藏。

別——就算對專家來說也是如此。

加工食品的應用

在合成食用色素的使用範圍逐漸擴大的同時，加工食品也正在經歷創新。在19世紀的最後數十年之前，除了麵包和奶油等少數產品外，市場上的商業加工食品數量有限。多數美國人的食物來源，都只有當地農民提供的食品和他們自己種植的農產品。[43]在1830年代早期，美國家庭的典型雜貨清單主要包括了麵包、肉、奶油、馬鈴薯、糖、牛奶和茶。[44]在1870至1920年代之間，加工食品的生產量和消費量迅速增加。到了1900年，在美國生產的所有製成品中，加工食品就占了將近三分之一的價值。[45]儘管在1870年代早期，加工食品在雜貨商交易的食品中約占了20%，但在1915年，雜貨商目錄中有超過一半的食品是加工食品。[46]到了1920年，幾乎所有家庭都曾買過任一種形式的商業加工食品，諸如人造奶油、罐頭食品和糖果。[47]

加工食品比農產品更容易被企業用合成色素調色。在食品加工的過程中，由於加熱和其他處理，成品的顏色會發生變化：罐頭裡的青豆是深綠色，香腸則會變成褐色。因此，製造商必須在這些加工食品中添加色素，這些加工食品才能促進食欲。舉例來說，俄亥俄州在1895年產出的調色人造奶油中，有80%以上的色素是合成色素。[48]到了1930年代早期，

吉露公司（Jell-O Company）已經開始使用合成色素代替植物色素，替大受歡迎的果凍調色了。[49]在20世紀的頭數十年間，對於許多製造商來說，使食品顯得既誘人又顏色一致的關鍵原料之一就是合成色素。因此，美國人在他們的日常飲食中攝入的合成色素量在此時達到了有史以來的高峰。

食用色素法規

　　20世紀初，廠商使用的有毒和無害的化學物質迅速增加。政府官員、記者、家政學家和社會改革者都對合成色素的安全性持懷疑態度。直到19世紀晚期，聯邦政府和州政府都還沒有立法規範食用色素。在缺乏有效監管系統的狀況下，美國市場上有80多種用於為食品調色的添加劑，其中一些是有害的。[50]有一些生產商使用有毒的金屬和化學物質：他們用粉筆把麵包變白；在罐頭食品中添加鉛和銅以保持食物顏色；把鉻酸鉛加進牛奶裡，使牛奶呈現奶油色。[51]隨著時間推移，越來越多人呼籲政府進行改革並建立法規。

　　食品的「天然」顏色變成了非常複雜的一件事，所謂的天然顏色是在政府法規、技術創新和企業利益的矩陣中產生的。1900年代，越來越多州開始制定食用色素法規。到了1910年代，明尼蘇達州和北卡羅來納州明令禁止在任何食品中使用合成色素，科羅拉多州和威斯康辛州特別禁止了使用

合成色素為香腸調色。[52]這些法規定義了何謂「食品安全」「食品摻假」（adulteration）和「天然食品」。

　　1906年通過的《純淨食品與藥物法》使得企業在食品中使用色素時，必須受到聯邦政府的監督。該法案禁止公司在沒有標註的狀況下，為了掩蓋食品的瑕疵或劣等品級而進行食品調色，也禁止公司在甜品中添加有毒物質（部分原因是當時糖果中經常添加有害的原料）。[53]該法案的成立代表國家開始制定食品法規了，也代表全美最強大的其中一個政府機構正在崛起——食品藥物管理局（Food and Drug Administration，FDA）。[54]直到1906年的法案在1938年進行了修正，食品藥物管理局才成為了全國唯一能監管食品和藥物的權威。不過，根據1906年的法案，美國農業部的化學局（Bureau of Chemistry，食品藥物管理局的前身）在食品色素法規的制定和實施中是很重要的角色。化學局不僅是守門人，而且也是負責調查色素和其他食品添加劑，並建立科學證據標準的聯邦機構。1906年的法案通過數個月後，化學局開始對色素添加劑進行研究，決定哪些加進食品中也是安全的。

認證色素

　　在制定食用色素監管政策和色素標準時，美國農業部的官員依賴的是化學工業科學家。[55]化學局局長哈維·威利任

命化學家伯恩哈德・赫塞（Bernhard C. Hesse）擔任該局在
紐約實驗室的外部顧問，因為化學局裡面沒有食用色素專家。
赫塞於1869年出生於密西根州，在密西根大學（University of
Michigan）學習藥學，並在芝加哥大學（University of
Chicago）獲得化學博士學位。在為美國農業部工作之前，
1896年至1906年他於德國最大的化學公司之一，巴斯夫公司
（Badische Anilinund Sodafabrik，簡稱BASF）擔任研究化學
家。他在化學局擔任聯邦機構和色素產業之間的重要聯絡
人，但在1915年12月辭去化學局的工作，到紐約市的全面化
學公司（General Chemical Company）擔任研究顧問。[56]

　　立法者和政府科學家不僅要立法規範食品調色的方式，
還要認可企業使用某些無害的合成色素，藉此擴大食用色素
產業。1907年6月，美國農業部根據赫塞的調查，發布了食品
檢驗第76號決議，證明了7種合成色素可以安全地加入食品
中。[57]赫塞之所以選擇這7種色素，不僅是因為他認為它們無
害，也因為色素和食品工業都「大量使用」它們。由於這些
色素包括「黃色、橙色、藍色、綠色、紅色、帶藍色的猩紅
色和鮮豔的櫻桃紅色」，所以食品製造商只要混合這些色
素，幾乎能創造出任何色調。[58]

　　為了讓美國農業部認證色素，色素製造商必須分批提供
每一次生產出來的色素（每一次提供的都是同一批色素），
以及一份切結書，說明提供的色素中含有哪些成分、每種成

分的重量、這批色素的總重量與混合方法。接著，化學局的科學家會檢驗製造商提供的色素是否符合美國農業部的品質標準。就算色素已經過認證了，如果包裝上的封條被破壞，裡面的內容就不再算是「經過認證」了。如果製造商要把經過認證的色素拿去和液體或其他色素混合，無論其他液體和色素有沒有經過認證，製造商都必須重新提供色素成品進行認證。[59]

　　這7種經過認證的色素都沒有獲得專利，因此只要是有能力生產出這些色素的製造商，全都可以自行生產。[60]然而，一直到1920年代早期，都只有兩家美國色素公司在生產經過認證的色素——海曼科恩斯塔姆公司和修哈漢公司。有一些色素製造商認為生產經過認證的色素沒有利潤，[61]有一些製造商則無法製造出能夠通過認證的高品質色素。色素的品質標準取決於它們的純度。因為多數合成色素都是從煤處理過程的副產品中產出的，裡面含有有毒金屬鹽、硫酸灰分和煤焦油中的砷等物質。蒸餾和淨化的過程會把色素混合物中的這些雜質去除掉。[62]化學局在認證色素時，對純度的標準很高，以至於許多色素製造商無法達到要求。化學拒絕了修哈漢公司提供的第一批樣品中的其中一個，原因是其中含有0.09%的不純物質，而化學局的純度標準是0.05%。[63]

色素法規的建立

　　美國是較慢建議食用色素法規的國家。英國在1875年通過的《食品和藥物銷售法》（Sale of Food and Drugs Act）中，禁止在食品裡加入包括色素在內的有害成分。[64]德國在1887年的《調色法》（Color Act）中禁止使用對健康有害的食用色素。[65]日本在1878年開始規範食品中的合成色素使用。[66]包括奧地利、法國、義大利和瑞士在內的其他國家也在19世紀後晚期通過了法規，禁止在食品中使用有毒色素。然而，由於市場上不斷出現新的合成色素，而且化學分析的過程又沒有標準化，導致相關法律變得彼此矛盾或沒有效用。立法機關和化學家因此對於他們應該禁止哪些色素感到有些困惑。[67]

　　有些美國的法律也同樣沒有效用。美國農業部沒有按照赫塞的提議，要求食品製造商使用認證過的色素。只要製造商在標籤上標明有添加色素，而且這些色素沒有被證明對健康有害，那麼他們使用這些未經認證的色素就是合法的。然而，市場上有這麼多種色素，化學局沒有辦法為了確定哪些色素吃下去不安全，而把所有色素都拿來調查一遍。[68]

　　在進步時代（Progressive-era）的政治文化中，反壟斷和自由放任的理念阻礙了美國農業部建立更嚴格的食用色素法規。美國農業部的官員不願意要求企業使用認證色素，是因

為當時只有2家製造商能供應認證色素，而農業部不希望認證色素變成一門壟斷的生意。[69]赫塞強烈反對這種做法。赫塞指出，海曼科恩斯塔姆公司是「認證色素的真正先驅者」，並主張「該公司做的事，不過只是這個世界上任何人都能做到的事」。赫塞堅稱，海曼科恩斯塔姆公司和修哈漢公司販賣認證色素的行為不應被視為壟斷企業，原因在於其他色素製造廠都在有機會進入市場時「遊手好閒」。[70]不過美國農業部的官員不買單。他們也指出，政府沒有權限管制自由貿易或禁止廠商使用未被證明有害的商品。[71]

　　海曼科恩斯塔姆公司和修哈漢公司對於認證色素的銷售感到失望。他們對赫塞抱怨說，他們的認證色素營業額「非常不景氣」，而且食品和色素的製造商「只有在承受了一些壓力之後」，才會使用他們的色素。[72]海曼科恩斯塔姆公司的總裁愛德華・科恩斯塔姆（Edward G. Kohnstamm）一開始認為，在沒有任何政府壓力的情況下，只要他們大量供應經過認證的食用色素，就能取代未經認證的色素了。[73]愛德華在1909年2月告訴赫塞，他「很驚訝（在1909年）宣布了有關認證食用色素的消息後，引起的興趣竟然寥寥無幾」，並指出他們有可能必須要求政府機關規定企業使用經過認證的食用色素。[74]赫塞多次向化學局局長哈維・威利提議，應該要強制廠商使用認證的食用色素。[75]美國農業部官員的行動緩慢，這讓赫塞感到很沮喪，他寫信給威利說：「除非有

我不知道的原因存在，否則我不懂你們為什麼不發出官方通知，限制所有企業在一個特定日期，比如在1910年3月1日之後，全都只能使用認證過的色素。」[76]

海曼科恩斯塔姆公司和修哈漢公司開始用行銷廣告，來推廣食品製造商使用認證色素。他們指出，食品製造商未來必定可以用「政府認證」，來向消費者保證食品既擁有高品質又很安全。海曼科恩斯塔姆公司在行業雜誌《美國食品雜誌》中的廣告裡指出：「使用認證色素的企業在下廣告時具有顯而易見的優勢。」[77]海曼科恩斯塔姆公司在1910年分發送給食品製造商的傳單中，向客戶解釋說，他們有必要「使用經過認證的色素，藉此確保未來不會有國家官員和州政府官員對產品提出質疑」。[78]海曼科恩斯塔姆公司在進行第一波行銷時，把甜品業當作認證色素的主要行銷對象之一。海曼科恩斯塔姆公司在甜品業的行業雜誌上刊登廣告，向糖果製造商解釋這個新建立的色素認證系統，並強調這些色素產品的安全性。[79]

政府機構也同樣在力勸食品製造商使用認證色素。化學局在1910年通過了食品檢驗第117號決議，宣布聯邦政府強烈建議企業在為食品調色時，使用認證過的色素：

> 如今市場上已經有認證過的色素。只要不會掩蓋瑕疵或劣等品質，農業部就不會反對公司在食品中添加認

證過的色素；如果使用色素會掩蓋食品的瑕疵或劣等品質，食品將會被視為摻假。未經認證的煤焦油色素可能含有砷和其他有毒物質，用於食品時可能會對健康有害，因此在法律上視為摻假。[80]

　　儘管化學局仍沒有強制企業使用認證色素，但他們透過這項決議指出，使用未經認證的色素有很高的風險可能違法。在《美國食品雜誌》上，愛荷華州的食品政府官員鼓勵食品加工廠在為食品調色時只使用認證色素，防止社會大眾質疑他們使用的合成色素具有健康危害。他認為：「消費者提出質疑時，最好的反駁方法就是指出自己使用的是美國政府保證安全的色素。」[81]儘管市場上仍有未經認證的色素，但製造商和政府官員對認證色素的推廣，逐漸導致食品生產商放棄了未經認證的色素，轉而使用認證色素。海曼科恩斯塔姆公司和修哈漢公司在1910年代早期，便開始規律收到食品和飲料製造商的訂單。[82]

相關產業的擴張

　　第一次世界大戰爆發後，美國食用色素業的營業額出現了快速增長。隨著德國的經濟封鎖越來越嚴峻，美國色素公司再也無法從德國進口足夠的色素原料。對於色素產業和聯邦政府來說，發展出強大的美國色素公司變成了迫切的需

求。[83]1916年，國會撥出5萬美元款項，在化學局內建立顏色實驗室，調查和管理美國生產和使用的色素。建立顏色實驗室的其中一個主要目標是，「盡一切可能」協助美國化學公司並與他們合作。為此，顏色實驗室必須「避免與商業實驗室出現直接競爭」。[84]顏色實驗室的主要職責之一，是在色素製造商提供合成色素後提供認證，藉此控制和監督色素製造。實驗室的化學家為了支持化學工業，開始調查具有商業價值的化學物質，並開發色素製造流程。他們把尚未公開的美國色素專利整理編輯好，把副本借給色素製造商。[85]顏色實驗室對食用色素進行了集中化和制度化的研究，他們扮演的角色是一邊幫助美國食用色素業發展，一邊是監督這個產業的政府機構。

在第一次世界大戰期間和之後，美國化學公司開始透過併購和設立新公司來擴大營業額，希望能確保國內生產的色素數量充足，而且還能夠持續增加。[86]1917年，修哈漢公司與另外6家色素製造商合併，成立了美國苯胺化學公司（National Aniline & Chemical Company），市占率將近60%。[87]4年後，美國苯胺化學公司與其他幾家公司組成了聯合色素與化學企業（Allied Dyes & Chemical Corporation）。這間公司的營運項目包括了從原材料到成品的所有必要流程。聯合色素與化學企業成為僅次於杜邦公司的第二大化工公司，除了生產合成色素，也生產多種有機化學製品。由於聯合色素與化學企業是一間控

股公司，因此組成此企業的各間公司仍維持著獨立公司的狀態，[88]美國苯胺化學公司也繼續用他們的品牌美國色素（National Colors）銷售食用色素。

色素製造商在向食品製造商行銷時，會大力推廣色素對食品消費與進食具有強大的影響力。他們強調，色素的顏色可以使食物看起來更鮮豔、更吸引人，因此更能促進食欲，這將會吸引食品消費者的目光。美國苯胺化學公司在廣告手冊中傳達的訊息是「食物的顏色和色調」對於「眼睛和胃口具有絕對的吸引力」，而且「色彩豐富又具有吸引力的食物」是「促進消化的最佳良藥」。廣告手冊著重描述色素產業在發展出化學局認證的食用色素時，該公司扮演了多麼關鍵的角色，同時也向食品業的客戶強調，若想創造出外觀吸引人的食品，合成色素是必不可少的原料。[89]

合成色素滿足了各種技術上的需求，為食品製造商、經銷商和零售商帶來了財務利潤，到了20世紀的頭數十年，這些商家開始遇到品質控制方面的新問題。由於市場的規模擴大，所以食品在運送到全國各地的過程中，開始受到溫度和溼度等環境條件變化的影響。1920年代，越來越多自助服務雜貨店出現，食品開始需要更長的保鮮期限。[90]玻璃紙（cellophane）等透明保鮮膜在1920年代開始受到歡迎，食品的外觀因此變成了行銷和銷售時的重要工具。[91]然而，透明的包裝帶來了一個新問題：雜貨店的食品會暴露在光線之

下。與天然色素相比，合成色素更穩定，更不容易因環境狀況而褪色，因此製造商和零售商能夠使食品維持鮮豔、一致的顏色。

　　生產認證色素的公司因為政府認證制度和色素產業的擴張，創造並拓展了新市場。政府官員和科學家認證了特定色素是無害的，用這種方法支持食用色素的使用是重要的食品製造流程。認證系統在規範食品調色的同時，也正式允許了食品調色。雖然聯邦政府和州政府都沒有太過明顯地鼓勵食品的人工調色，但他們認可食用色素是一種合法成分，只要色素無毒，並且不會掩蓋食品的劣等品質就沒有問題。到了1920年代中期，生產認證色素的製造商增加到了5家，其中包括海曼科恩斯塔姆公司和美國苯胺化學公司（也就是修哈漢公司後來組成的公司）。[92]

　　合成食用色素的市場穩定地擴大，從1922年（70萬美元）到1925年（近100萬美元）間，總銷售額增長了40%以上。[93]顏色實驗室的化學家森斯曼（C. E. Senseman，這個姓氏的意思是「感官人」，非常適合這份工作）提出報告，指出實驗室認證過關的合成食用色素重量，從1922年的33萬3,330磅增加到了1925年的63萬9,000磅。[94]顏色實驗室的另一位科學家在觀察食用色素的營業額上漲時表示，使用合成色素調整顏色的食物種類非常多，多到「在美國幾乎每一個人每天都會毫無防備地吃掉奶油、起司、蛋糕、糖果、冰淇淋

和軟性飲料等食品中的色素」。[95]隨著合成色素的使用範圍擴大並成為政府管理的對象，食品業紛紛開始把食用色素的使用，納入製造與行銷食品時使用的各種策略中。

創造出「安全」顏色

隨著認證色素的市場逐漸成長，色素製造商在向食品加工廠下廣告時，也把「合成色素的安全性」納入了關鍵推銷用語中，在1906年的《純淨食品和藥物法》通過之後尤其如此。雖然有些色素製造商會以認證色素取代沒有認證的色素，但也有一些製造商轉而使用的不是合成色素，而是天然色素。舉例來說，許多奶油色素製造商在1910年代回過頭去使用胭脂樹紅當作色素。[96]

克里斯多福韓森實驗室公司為了推廣胭脂樹紅製作的奶油色素，在1907年的廣告中指出，「純植物的胭脂樹紅色色素，再次成為製作優質奶油時唯一可靠的調色選擇」，原因是「全國各地都在呼籲『純淨食物』這個口號」。[97]威爾斯理查森公司也同樣在宣傳奶油色素使用了「純植物」這個詞，表示這種色素符合「國家政府與州政府所有食品法中的各種要求」。該公司在強調這種色素無害的同時，還指出這個產品在濃度、穩定度和一致性這些方面都優於合成色素。[98]如今合成色素在食品工業中已經變得非常普遍，以至於廠商

在銷售食用色素時，必須格外強調這些調色特性與安全性。奶油色素製造商強調，他們販售的這些產品不但天然又無害，而且和煤焦油色素一樣能調整出鮮豔又一致的顏色。不過，煤焦油色素通常比天然色素更便宜，顏色也更濃。

　　政府法規的設立和社會大眾對食品摻假的擔憂，使得色素製造商和食品加工廠過去占據的競爭優勢出現了重新分配。合成色素是在19世紀晚期引入美國食品業中的，當時許多色素和食品製造商都因為天然色素不夠划算而予以放棄。化學工業中的科技進步，為合成色素的製造商和使用者帶來了能超越對手的競爭優勢。不過到了1910年代，由於政治和社會氛圍出現改變，天然色素因「安全」調色原料的定位變成重要商品。食品生產商使用合成色素的範圍仍比天然色素更廣泛，此外，合成色素在市場上也仍具有很強的競爭力。然而，在政府通過1906年的法案後，天然色素的商業價值增加了。胭脂樹紅在部分色素和食品的生產商中重新流行了起來（尤其是奶油製造商），從牙買加進口到美國市場的胭脂樹紅增加了，從1887年的36萬4,000磅增加到1935年的91萬4,000磅。[99]到了20世紀中葉，美國變成了世界上最大的胭脂樹紅進口國，約占全球胭脂樹紅貿易總額的四分之一。[100]

　　研究人員與政府官員對摻假和安全的定義與理解各不相同。對化學局的哈維・威利來說，幾乎所有添加到食物中的物質都等同於摻假。[101]威利參加1905年的衛生官員會議

（Conference of Sanitary Officers）時，在演講中指出這些製造商「在食品中添加人工色素，只是想模仿品質更好的天然產品」。他特別針對奶油的人工色素做了批評，說這種色素導致「大眾口味的腐敗」，如今有許多消費者已經習慣了在他看來顏色濃郁到不自然的黃色奶油。[102]然而，化學局的色素專家伯恩哈德‧赫塞並沒有徹底反對製造商使用食用色素。

對於「安全」的重新解釋

　　由於色素產業對特定色素有很高的需求，加上國家官員對「無害」做了重新解釋，所以政府科學家和立法機構對「安全」色素的觀點也出現了變化。1907年8月，也就是化學局發布了食品檢驗第76號決議的數幾個月後，美國首屈一指的色素製造商之一海勒莫茲公司總裁向化學局抱怨，這7種經過認證的色素沒辦法調配出他們滿意的奶油和起司顏色。化學局只認證水溶性合成色素能安全地使用在食品上，而這些合成色素不適合用來調整奶油等油性產品的顏色。海勒莫茲公司要求政府為油溶性色素提供認證，尤其是該公司的黃色AB（Yellow AB）和黃色OB（Yellow OB），廠商大量使用這兩種色素為天然奶油、起司和人造奶油調色。[103]根據海勒莫茲公司的總裁所述，這兩種色素是「最適合用來上色奶油和其他脂肪的黃色」，其他黃色色素的油溶性都令人失望。[104]食品和色素的生產商很堅持他們需要黃色AB和黃色OB。雖然

這兩種色素調出來的黃色很接近，但並不相同。單獨使用黃色AB會顯得太像檸檬色，而黃色OB則是太偏柳橙色，因此他們必須混合這兩種色素，才能製作出理想的奶油色。[105]

　　卡爾・奧斯伯格（Carl Alsberg）在1912年接替威利在化學局的職位，開始對油溶性色素及這種色素能否用於食品進行新的調查，他對這些色素的毒性提出質疑。[106]美國農業部藥理實驗室（Pharmacological Laboratory）的一名研究人員在報告中指出，餵食1至2克的黃色AB或OB給兔子後，兔子會在4到9天內因「失去食欲」而死亡。若把25至40毫克的同樣色素餵給實驗大鼠服用4.5個月，則沒有跡象能顯示實驗大鼠的健康受到了任何影響。[107]根據美國農業部化學家的計算，人類透過奶油攝取這些色素的最大安全劑量是每天10毫克。[108]他們因此得出的結論是，由於對人類產生任何影響所需的劑量實在太高了，所以黃色AB和黃色OB都不會對人類健康有危害。[109]其中一位化學家甚至認為這兩種色素是「最好的色素」，不只是因為它們和其他黃色色素比起來更「無害」，也是因為它們能「充分地溶於油中」。[110]1918年，奧斯伯格被這些研究數據說服了，決定把這兩種色素添加進認證色素的清單中。[111]到了1931年，化學局已經把認證合成色素的數量增加到15種了。[112]

食品監管體系的改革

1920至1930年代，記者、消費者團體和文化評論家都在譴責政府設立的法規有多沒用又不適當，以及企業有多貪婪，這兩方的所作所為危害了社會大眾的健康。[113]經濟學家亞瑟‧卡雷特（Arthur Kallet）和工程師佛德瑞克‧施林克（Frederick J. Schlink）於1933年出版了《1億隻實驗白老鼠》（*100,000,000 Guinea Pigs*），引起了消費者開始質疑企業的行為和各種商品，尤其是食品和藥品。卡雷特和施林克認為許多公司在銷售產品時，根本不太了解產品，也不太在意產品對消費者的健康會有何影響，把美國社會大眾「當作實驗白老鼠」。[114]這本書在出版的頭6個月再刷了13次，成為了那10年間最暢銷的書籍之一。[115]

該書也促使食物監管體系在1906年《純淨食品藥物法》的管制下進行了改革行動。當時的人明顯注意到這個法案並不足以保護公眾避開標示不實、摻假和有毒產品的危害。[116]他們當時找到的其中一個缺陷是，該法案沒有權力強制企業使用認證過的染料。為了更有效地實施食品法規，聯邦政府在1927年重組了化學局。化學局的研究職責之後轉移到美國農業部新成立的化學和土壤局（Bureau of Chemistry and Soils）。另一個新機構是食品藥物與農藥管理局（Food, Drug, and Insecticide Administration），這個新局處接管了化

學局的主要監管職責，包括執行食品法規和調查摻假的食品。1930年，該機構更名為食品藥物管理局，然而這個新局處並沒有改變當時的食品監管政策。

　　國會針對十多項提案進行了多年的辯論，在1938年通過了《食品藥品與化妝品法案》（Food, Drug, and Cosmetic Act），做為1906年法案的修正案。此法案加強了政府對食品和藥物的管制，並首次對化妝品和醫療用具也做了監管──不過這項法案對化妝品的監管非常有限。[117]這項新法案強制規定企業必須使用認證色素。[118]此外，食品藥物管理局把命名法標準化，把經過認證的色素與染料分成3大類：FD&C是用於食品、藥品和化妝品的已認證染料；D&C是用於藥品和化妝品的已認證染料；Ext. D&C是經過認證不可食用，但添加在外用產品中是安全的色素。每種經過認證的食用色素都被稱為FD&C，後面會加上基本顏色的名稱和一個數字。舉例來說，色素的商品名稱「幾內亞綠B」（Guia Green B）變成了「FD&C綠色1號」，「淡綠SF偏黃」（Light Green SF Yellowish）變成了「FD&C綠色2號」。[119]如今食品藥物管理局不但可以利用這些新名稱來標準化對色素的描述，還可以更加輕而易舉地區分認證色素與未認證色素。像「幾內亞綠B」這種舊商品名稱不會透露出色素是否經過認證。

　　儘管1938年的法案修正了1906年法案中的一些缺陷，但新法案並沒有完全解決法規在定義「無害」和「安全」時的

模糊性。根據法規，如果色素「無害且適合用於食品」，製造商就可以使用這種色素；如果製造商使用的色素「並非無害」，政府就可以判定該食品摻假。食品藥物管理局根據人們消費的食物數量來解讀「無害」和「非無害」這兩個用語。如果人類攝入體內的色素很少，不會在吃到該食物時對健康造成傷害，那麼該色素就是「無害」——即使有證據表明這種色素使實驗動物中毒也一樣。[120]

　　合成色素的法規和色素使用量的增加，也令消費者和食品生產拉開距離。你必須擁有專業知識，才能了解合成色素的化學成分。對多數消費者來說，色素名稱沒有太大意義，無論是商品名稱是綠春紅3R（Ponceau 3R）和萘酚黃S（Naphthol Yellow S），或者是標準化的FD&C名稱都一樣。儘管消費者越來越常在食品包裝和廣告上看到「認證色素」和「純淨食品」等詞彙，但他們仍然無法確定食物的品質。政府透過合成色素的標準化和認證，要求製造商提供有關食品加工和色素製造的相關資訊。然而，標準化的顏色卻使消費者變得難以理解顏色與食物之間的關係：食物的顏色到底是從哪裡來的？哪些染料和色素是安全可食用的？「安全」色素是什麼意思？

食用色素與食物的商品化

1938年，國會通過《食品藥品與化妝品法案》的時候，食用色素的銷售已變成了食品行銷策略的核心和永恆要素了。與60年前相比，這是非常巨大的變化。在1870年代之前，食用色素對於食品業來說一直不太重要，這是因為製造商通常會使用自行製作的調色溶液，簡單地為食品染色，讓食品看起來更新鮮。於是食用色素的品質並不一致，其中一些色素甚至對健康有害。隨著合成食用色素產業的發展，標準化色素成為競爭優勢的來源，隨著時間推移，標準化色素對食品製造商來說變成了常態。

食用色素的交易量成長後，帶來了複雜且多樣的影響。對於食品業來說，價格低廉且穩定的合成色素是一種嶄新的調色方法，讓製造商可以用低廉非常多的價格把食品調整成他們想要的、穩定的顏色。標準化、乾淨又鮮豔的食品變成現代超市中不可或缺的特徵之一。不過，製造商在各種食品中添加的合成色素量達到前所未有的高峰，引起大眾對健康的疑慮。建立了食用色素法規後，政府機構便有權力可以規範摻假食品和管制色素產業。食用色素的標準化不僅與商業利益有關，也和法規有關。

色素認證制度和政府法規加速了食用色素的商品化。政府官員和科學家針對食用色素展開研究、建立認證色素的等

級標準，並針對食品和色素添加劑建立法規上的定義。在這段過程中，他們等於是認可了使用食用色素是製造食品的關鍵過程。色素製造商反過來在他們的廣告中使用「認證」一詞，讓廠商知道他們生產的是安全色素，藉此增加可信度。在大眾市場中，部分具有商標的色素產品和品牌名稱變成一種商品的品質保證，尤其能保證色素的一致性和安全性，例如海曼科恩斯塔姆公司的「圖譜色彩」和美國苯胺化學公司的「美國色素」就是如此。隨著各種不同顏色的廉價合成色素出現，越來越多食品製造商在政府的支持下開始利用食品的顏色可塑性，使食物看起來天然、新鮮又促進食欲。

第四章

從天然色素到
蛋糕預拌粉

From Natural Dyes to Cake Mixes

在如今這個時代，食品的顏色不再只是一種行銷手段了，食品的顏色也在女性的工作史中扮演了十分關鍵的角色。在19世紀的最後數十年，合成食用色素的商業化改變了家庭的烹飪習慣，也改變了食品業的製造和行銷策略。在此之前，各個家庭（主要是女性）若要為廚房裡的食物調色，就得自己從果汁和蔬菜汁萃取顏色。商業生產的食用色素出現後，民眾不再認為他們必須在家自己製造色素，此外，食用色素也有助於標準化自製甜點和其他菜餚的外觀。每一次產業出現這一類的創新，家務工作的性質都會產生變化：表面上看來，家務工作似乎變得比較不費時費力了，但實際上女性卻得滿足社會大眾對母親與妻子這2個職位的新期望。[1]在色素與家務工作的歷史中，五顏六色的新菜餚所帶來的視覺吸引力是關鍵要素之一。

在19世紀晚期和20世紀早期，家政學家、食譜作家和食品廣告一起為女性消費者創造了一種對家庭的新想像：家庭需要具有觀賞價值的繽紛食物。食譜一直以來都是充滿意識形態的文本，不但會教導讀者如何烹飪和使用新產品，還會傳授關於陰柔氣質和階級的意識形態課程。歷史學家凱西‧佩斯（Kathy Peiss）在針對化妝品消費的研究中指出，消費文化不只提供了幾乎無限的商品選擇，也改變了女性如何展示與理解她們的身分認同。[2]對19世紀女性來說，化妝品能清楚地顯示出每個人在社會和經濟方面的差異。同樣的道理，

食物的顏色——或者更準確地說，應該是創造和供應色彩繽紛的菜餚——則表明了社會和性別方面的傾向。鮮豔又多彩的餐點就像精心化妝的臉龐一樣，能讓你知道完成這一切的女人想傳達什麼樣的訊息。

並非所有女性都能從商業食用色素提供的新機會中獲益。製作顏色鮮豔的菜餚是一種奢侈，只有經濟條件足夠好的城市中上階層女性能做到。製作精緻的食物需要時間、廚房空間、適合的廚具和昂貴的原料，其他也包括食用色素。勞工階級的女性無法負擔上述多數條件，她們之中有許多人是移民和非裔美國人。此外，由於語言障礙和經濟限制，下層階級的家庭也無法接觸到這些專門為新理想美國女性提供建議的印刷品。[3]即使他們有機會能接觸到這些食譜，第一代移民往往也會很抵觸這些把家庭變得美國化的印刷品。[4]

中產階級女性藉由烹飪和視覺上吸引人的菜餚向世界（和她們自己）展示高雅體面。高雅、精緻和文明的概念一開始是在文藝復興時期出現的，而後在18世紀中期的英語世界中，社會精英更加確立了這些概念。到19世紀中葉，美國中產階級已經廣泛流行起這種對高雅生活方式的渴望，用歷史學家理查·布希曼（Richard Bushman）的話來說，這種生活方式叫做「民間的高雅」。這些中產階級家庭為了追求民間的高雅，會購買比較便宜的替代品來取代精英階級擁有的事物，還會把孩子送到免費的公立學校而不是精英學校上

學，他們會在窄小的房子裡增設一個「客廳」，並練習隨身攜帶手帕等「禮貌」的行為。民間的高雅是可以後天學習的事物，而不是只能繼承得來的。中產階級的人只要在他人面前做出這些行為，就能證明自己擁有民間的高雅。[5]

　　正如布希曼所說的，資本主義和高雅風度是「創造現代經濟的盟友」。[6]社會大眾對性別和陰柔情感的想法，已經融入了食品行銷和食品顏色的敘述之中。隨著大眾消費文化逐漸擴張，陰柔氣質和人造物品緊密地交織在一起。製作精心裝飾的繽紛食物涉及了對自然的人工操縱：食物被重塑成嶄新的形狀，水果和蔬菜被切開並根據顏色進行井然有序的排列，為了使菜餚呈現各種顏色而添加了食用色素。中產階級的女性在製作能在視覺上吸引人的菜餚時，之所以會接受某些人工操縱，有一部分的原因是出於便利，另一部分的原因則是家務顧問和食品廣告商都在宣傳時指出，呈現性別與階級的身分認同時，人工製品是必不可少的要素之一。[7]

人工技術的奢華

製作天然色素

　　在19世紀的最後數十年之前，家庭使用的食用色素主要來源一直都是從蔬果中萃取出來的天然色素，例如胡蘿蔔、甜菜和菠菜。伊萊紗・萊斯利（Eliza Leslie）是19世紀的著

名食譜作者，她曾在1840年出版的食譜中，解釋要如何透過添加菠菜汁來「增加蘆筍湯的綠色」。[8]番紅花能使食物獲得鮮豔的黃色和橙色。胭脂蟲紅──也就是用墨西哥出產以昆蟲製成的色素──能為許多菜餚帶來鮮豔的紅色和粉紅色。19世紀中後期的食譜開始引導讀者，這些色素不只能用在甜點上（如蛋糕糖霜、糖果和果凍）還能用在肉類菜餚、醃漬物、醬汁和湯中。

家務工作方面的作家常提到番紅花和胭脂蟲紅是調整食物顏色的理想原料。胭脂蟲紅和番紅花的色調非常強烈，通常只要一點點就能為食物調色了。用這兩種色素調色時，食物的稠度幾乎不會有變化，而用蔬果汁調色則容易使食物的水分變多。番紅花和胭脂蟲紅的保存時間很長，而蔬果色素則不耐儲存。[9]萊斯利在1840年出版的食譜中指出，「只要2、3格令的番紅花」就能改善橙色果凍的顏色，不會影響口味。[10]她推薦讀者使用胭脂蟲紅為醃漬紫甘藍、木梨果醬和蘋果果醬提供「漂亮的紅色」。在蛋糕裝飾方面，萊斯利說，若能「加入一點胭脂蟲紅」使糖衣變成「粉紅色」的話，將能使蛋糕「看起來極為美麗」。[11]在1846年出版的《比奇小姐的家庭食譜》（*Miss Beecher's Domestic Receipt Book*）中，凱瑟琳·比奇（Catharine Beecher）同樣推薦讀者用胭脂蟲紅為糖果和甜點調色。[12]

但這麼做會遇上的其中一個問題是，胭脂蟲紅和番紅花

都很貴，許多中產階級或勞工階級的婦女都因為家庭預算有限，沒辦法購買這2種色素。萊斯利和比奇也提供了比較便宜的調色配方，通常都是從植物中萃取出來的。萊斯利推薦了朱草紅（alkanet），一種從草本植物朱草（alkanna）中萃取出來的紅色色素。朱草紅比胭脂蟲紅「便宜得多」，但仍能使食物獲得「美麗的紅色」。「藥商都有在販賣『朱草紅』，而且價格低廉。」萊斯利說。[13]比奇則在牛奶凍的食譜中建議：「用不同的顏色替牛奶凍調色，用煮滾的甜菜或胭脂蟲紅調出紅色，用番紅花調出黃色，用靛藍色素（indigo）調出藍色。」[14]這兩位食譜作者還建議讀者，可以把蛋黃和胡蘿蔔當作更便宜的替代品，取代番紅花。[15]

　　對勞工階級的女性來說，製作這些比較便宜的食用色素很可能並不是她們的家務工作。製作色素需要時間和勞力。要製作綠色色素時，她們必須將新鮮的菠菜幼葉搗碎，放進布中，把擰出來的汁放進燉鍋裡。接著再將菠菜汁放在火上慢慢熬，等到鍋中液體凝結後，再從這些凝結物中濾出水分。[16]製作更昂貴的胭脂蟲紅，也是非常耗費時間的事。藥劑師有時會把乾燥的胭脂蟲製成粉末出售給顧客，其中包括專業的甜品製造商、烘焙師以及家庭主婦。[17]但在許多狀況下，顧客購買的往往是一整袋昆蟲，必須在家中搗碎這些昆蟲，才能製成色素。在胭脂蟲紅的經典食譜中，原料是1盎司胭脂蟲、1盎司塔塔粉（cream of tartar）、2打蘭（dram，四

分之一盎司）明礬和半品脫的水。[18]首先，要將胭脂蟲搗成
細粉，接著再將所有材料放進水中，煮滾直到水減少一半，
大約要半小時的時間。最後，把煮過的液體用細布過濾，倒
進小瓶中備用。[19]

　　雖然勞工階層的女性沒有時間和金錢為自己的家庭製作
精美的菜餚，但她們的烹飪技巧和為烹飪付出的勞動，是上
層階級的家庭創造出繽紛菜餚的重要要素之一。[20]在19世紀
的流行用語中，具有裝飾的繽紛食物象徵了女士的高雅和柔
美，[21]但製作精緻的甜點其實通常都是僕人的工作。事實
上，19世紀中後期的食譜經常討論的其中一個問題，就是如
何教育僕人烹飪。[22]家務傭人是多數未婚的年輕女性移民能
找到的少數工作之一。在美國南北戰爭前，美國南方的非裔
美國女性，為擁有奴隸的白人家庭承擔了大部分的家務工
作。即使在農奴解放之後，非裔女性在家庭以外的主要工作
仍然是家務傭人。[23]非裔美國人和移民女性為富裕的白人家
庭提供家務勞動，替他們烹飪奢侈的食物。

　　自19世紀晚期以來，合成色素的發展明顯改變了家庭與
食品業為食品調色的方法。舉例來說，法國化學家在1859年
創造了世上最早出現的合成紅色染料之一「品紅」
（fuchsine），用於紡織品和油漆的顏色上。紡織染色業者開
始使用合成染料代替胭脂蟲紅和其他天然染料，畢竟合成染
料更便宜也更穩定，[24]胭脂蟲紅的價格因此在1880年代晚期

大幅下跌。1807年，胭脂蟲紅的交易價格是每磅5美元（大約是2018年的112美元）；到了1887年，胭脂蟲紅的價格下跌到只剩下每磅15到20美分（大約是2018年的4到6元）。[25]由於合成色素還不能用在食品上，因此包括胭脂蟲紅在內的天然色素仍然是食用色素的主要來源（在19世紀到20世紀，番紅花一直都是非常昂貴的香料和食用色素）。

到1870年代，胭脂蟲紅不但變得更便宜了，而且使用起來也變得更方便了。藥劑師開始以一瓶數美分的價格提供「製備好的胭脂蟲紅」，這是最早出現的商業製備食用色素之一。胭脂蟲紅通常是液體，裡面含有酒精和胭脂蟲（有些藥劑師會在溶液中添加合成色素）。家庭主婦不再需要搗碎昆蟲或花半個多小時熬煮，現在她們可以直接從容器中倒出製備好的胭脂蟲紅溶液使用了。在那之前，多數需要胭脂蟲紅的食譜在描述重量時，使用的單位都是「盎司」或「格令」，由此可知當時買賣和使用的胭脂蟲紅多是固態或粉末的形式。這些食譜通常會向讀者解釋要如何製作胭脂蟲紅。[26]

由於一般家庭不再需要自製胭脂蟲紅了，所以19世紀晚期有許多食譜在需要紅色或粉紅色的調色時，只會提到加入「幾滴製備好的胭脂蟲紅」，不會出現任何製作色素的說明。瑪麗安・哈蘭（Marion Harland）的《家務常識》（*Common Sense in the Household*）於1871年初次出版，哈蘭在書中要讀者使用「製備好的胭脂蟲紅」為大理石蛋糕和果

凍調色。[27]哈蘭在1875年的食譜中主張，雖然讀者可以用草莓或醋栗果汁調整蛋糕的顏色，但胭脂蟲紅比果汁「好得多」，因為「只要加幾滴胭脂蟲紅，就可以為整個蛋糕上色」。哈蘭補充說，胭脂蟲紅不但沒有味道和氣味，而且「完全無害」。[28]從1870年代開始，越來越多家報紙刊登的食譜使用了胭脂蟲紅。舉例來說，《農場報紙》（*Pacific Rural Press*）在1875年刊登了一份橙色果凍的食譜，上面寫著「使用製備好的胭脂蟲紅」。[29]儘管如此，若家庭主婦需要綠色、黃色和其他顏色的色素時，仍需要花費許多時間從蔬果中萃取汁液，而且對於勞工階級的家庭來說，製備好的胭脂蟲紅依舊是一種奢侈品。

製作「精美」菜餚

　　繽紛的菜餚（例如果凍和冰淇淋）能體現甜美、純淨和鮮美的特質——這也象徵了19世紀中後期的「真正」淑女應該具有的性格。[30]「精美」（dainty）一詞是食譜、女性雜誌和食品廣告中最常用的形容詞之一，通常會用來描述具有觀賞價值的小分量精緻菜餚，例如下午茶三明治、沙拉、上有裝飾的蛋糕和果凍。[31]根據《牛津英語詞典》（*Oxford English Dictionary*）所述，「dainty」的其中一個含義是「在味覺上令人愉悅」。此外，也能指人的性格敏銳，或者物品有價值、令人滿意與令人愉快。最早把「dainty」使用在食物

上的紀錄之一，是喬叟（Chaucer）在14世紀晚期的著作《坎特伯雷故事集》（*Canterbury Tales*）：「獲得能夠滿足食欲的美味食物和酒水（to gete a glotoun deyntee mete and drinke）。」[32]人們繼續以不具有特定性別含意的方式使用這個詞，直到19與20世紀。美國和英國的流行媒體（尤其是食譜和女性雜誌）在19世紀開始使用「精美」來描述與陰柔氣質有關聯的小分量精緻菜餚和甜點（這種使用方式和喬叟在描述食物時所用的「dainty」截然不同）。

　　食譜、女性雜誌和指引手冊都把精美視為中產階級女性應該追求的理想。[33]若男人喜歡具有視覺吸引力的精美食物，就會被認為是具有陰柔氣質的人。[34]流行媒體不僅把「dainty」一詞用在食物上，還會用來形容女性應有的性格。此外，他們也會用這個詞描述淑女使用的物品，例如蕾絲和內衣。[35]具有觀賞價值的甜點和食品調色，變成了建構階級認同和性別認同時很重要的一部分。

　　具有觀賞價值的繽紛食物是精緻菜餚的基本特徵，由此可知，精美和視覺性具有密切連結。因此，「精美」的食物不只代表了《牛津英語詞典》定義的「在味覺上令人愉悅」，也代表了在視覺上令人愉悅。1890年，《女性家庭雜誌》上的一篇文章指出，「只要運用一點點好品味和創意」，就能利用「看起來非常精美」的菜餚，使餐桌「呈現出最誘人的一面」。「當烹飪者把各種顏色巧妙地混合在一

圖4.1 在19世紀晚期和20世紀早期，這些「精美」的菜餚出現在許多食譜和女性雜誌上。本頁的菜餚包括（左方，從上到下）鳳梨和柳橙、新鮮櫻桃舒芙蕾、聖安娜蛋糕佐草莓、香蕉奶油麵包；（右方，從上到下）大黃果凍、精美的桃子慕斯、葡萄冰沙和草莓冰淇淋蛋糕。「適合夏日餐桌的精美水果甜點」，《女性家庭雜誌》（1899年），本圖片源自德拉瓦大學（University of Delaware）館藏。

起，讓口味出現令人愉悅的變化時，」作者指出，「最後得到的結果將會是在口味和視覺方面都非常令人愉快的菜餚。」[36]《波士頓烹飪學校雜誌》（*Boston Cooking School Magazine*）同樣堅稱，如果食物賞心悅目的話，那「必定也會使味蕾感到愉悅」。[37]事實上，家政學家提倡的理想女性形象，是不會因為食物的口味而受到過度吸引的。[38]

　　在創造裝飾性菜餚和表現女性審美品味這兩個方面，以顏色為基礎的食物排列至關重要。1898年，《波士頓烹飪學校雜誌》刊登的龍蝦沙拉食譜中，照片裡充滿了精心安排的各種顏色：「鮮豔的龍蝦殼和精緻的萵苣嫩葉呈現出美好的對比，再加上搭配黃色的美奶滋，放上裝飾用的星星，這就是一道無比華美的菜餚。」[39]家務顧問還會建議女性烹飪時要提供顏色協調的餐點。餐桌上的所有菜餚應該要以單一顏色為主題，例如紅色的晚餐或白色的午餐。「綠色午餐」的食譜中可能會包括黃瓜、蘆筍麵包、西洋菜蛋沙拉以及用開心果裝飾的白蛋糕。[40]雜誌和食譜刊登的這些色彩協調食譜，不只適用於聖誕節和復活節等特殊場合，也同樣適用於日常飲食。流行媒體鼓勵女性不僅要端上有顏色主題的菜餚，還要裝飾餐桌，甚至要為了配合顏色主題而裝飾整個飯廳。[41]

　　19世紀，食譜作者紛紛推出五顏六色的甜點，包括黃色和橙色的果凍及綠色的牛奶凍。但一直到20世紀初，蛋糕糖霜的主要顏色仍都是白色，少數的例外是淡粉色。[42]白色和

粉紅色的糖霜是相對比較容易製作和儲存的顏色。白色糖霜的食譜原料主要是蛋清和糖。[43]女性若想要製作粉紅色糖霜，則必須多加上幾個額外的步驟。但是，由於胭脂蟲紅可以保存很久，所以她們不必在每次製作粉紅色糖霜時都重新製作色素。此外，正如我們前面提到的，製備好的胭脂蟲紅是在1870年代和1880年代時，市場上為數不多的商業製備食用色素之一。相較之下，用新鮮菠菜製作綠色不但耗費時間，而且萃取出來的綠色無法保存太久。與其他原料相比，製作黃色所需的番紅花相對昂貴。

另外，家務顧問也認為白色和淺粉色是最適合理想女性品味的顏色。雖然有一些食譜會教導讀者製作黃色、藍色和綠色等其他顏色的糖霜，但這些食譜都非常強調使用淺色調的重要性。[44]在1896年出版的一本甜品食譜中，作者主張：「顏色濃重的糖霜是不對的，許多人都很討厭這種糖霜。」[45]較淺的色調不只適用於蛋糕糖衣，也適用於其他甜品和點心。1898年，在《女性家庭雜誌》的一篇食品專欄中，一位家政學家宣稱：「你或許可以把冰淇淋做成藍色的，不過在我看來，藍色的冰淇淋根本不符合美感。」作者建議讀者要讓「食物保持天然的顏色」。[46]《波士頓烹飪學校雜誌》也同樣指出，讀者應該為冰淇淋做出「非常精美」的調色。[47]

對於烹飪者來說，食物的顏色深淺以及應該添加多少色素都是很難判斷的事。1888年，《好管家》（*Good*

Housekeeping）的雜誌專欄列出了一位讀者的問題：需要放多少胭脂蟲紅才能「製作出顏色漂亮的糖霜」？編輯回答：「我們沒辦法提供正確的劑量，請每次添加一滴色素並攪拌均勻，重複此動作直到獲得你想要的顏色。」[48]為食物著色所需的色素劑量取決於許多因素，包括色素的濃度、菜餚的種類以及廚師和用餐者的喜好，沒有單一的使用標準。食物的顏色深淺以及應該在食物中添加多少色素的知識，代表了女性的審美品味和烹飪技巧。

具有觀賞價值的食物和顏色彼此搭配的餐點，不但能表現出女性在漂亮彩色菜餚方面的品味，也能表現出她們是否有能力控制食物並把餐桌安排得井然有序。1897年，《波士頓烹飪學校雜誌》在一份食譜中指出：「把鮮奶油端上桌時，一定要搭配切片的桃子，藉此隱藏鮮奶油無可避免地變色。」[49]只要在運輸和儲存易變質食品的過程中沒有冷藏系統，家庭主婦和雜貨商就很難保持水果和蔬菜的品質，也很難維持鮮豔的顏色。在缺乏分級標準和全國銷售系統的狀況下，易變質食品的供應會變得很不穩定，這些食品的品質和可使用率將取決於地區、氣候和季節。對女性來說，在應對食品的天然多樣性和製作賞心悅目的菜餚時，鮮奶油、醬汁和食用色素是重要手段。[50]

人工原料的增加

1890年代，出現了更多家庭可以使用的商業製備食用色素，讓家庭主婦能用比較方便的方法調整食物的顏色。這些製備好的分裝色素不僅為女性節省了時間，而且價格通常比胭脂蟲紅和番紅花更低，也比用蔬果製作的色素更經濟實惠。由於分裝色素的顏色通常會比自製食用色素更濃，因此只要少量使用就能把食物調整成理想的顏色。相較於自製色素，商業製造色素的顏色更一致。女性只要稍微試用幾次分裝色素，就能大致上抓到使用多少色素會創造出哪種顏色。相較之下，女性在用蔬果自製色素時，這些色素的濃度和品質幾乎每次都會不一樣，這使得她們很難在真正將色素倒入食物裡面之前，預測要添加多少色素。因此，分裝色素、其他加工食品與原料，有助女性在調整菜餚顏色時將顏色標準化。

喬瑟夫伯奈特公司（Joseph Burnett Company）是最早生產家庭用分裝食用色素的製造商之一。藥劑師喬瑟夫‧伯奈特（Joseph Burnett）和席奧多‧梅特卡夫（Theodore Metcalf）在1845年於波士頓成立了梅特卡夫與伯奈特化學公司（Metcalf and Burnett Chemical Company），製造各種化學產品，其中也包括包括醫療用品。1847年，伯奈特應客戶的要求開發出一種用於食物調味的香草萃取物，在這之後，該公司開始聚焦在食品萃取物的買賣上。[51]當時，美國市場

上唯一在販售的一種商業食品萃取物是檸檬萃取物。雖然有一些專業廚師會使用香草豆莢，但萃取香草調味料是非常耗時的一件事。伯奈特開發了香草和其他口味的萃取物，包括檸檬、杏仁、玫瑰、肉荳蔻、桃子、芹菜、肉桂、丁香、油桃、生薑和柳橙。到了1850年代中期，公司的萃取物營業額迅速成長。為了增加香草萃取物的產量，伯奈特把公司轉移到較大的波士頓工廠去。1855年，他把自己在梅特卡夫和伯奈特化學公司的股份賣給了他的合夥人，並在2年後成立了喬瑟夫伯奈特公司，專門製造香草萃取物。[52]

　　喬瑟夫・伯奈特在1894年去世，他的3個兒子繼承了公司。伯奈特三兄弟發現社會大眾對烹飪漂亮的食物越來越感興趣，於是推出了「伯奈特色膏」。[53]到1900年，喬瑟夫伯奈特公司提供了8種不同顏色的食用色素：葉綠色、橘子橙色、果紅色、金黃色、大馬士革玫瑰色、紫羅蘭色、焦糖色和栗色。[54]一般家庭可以在雜貨店買到1盎司的分裝色素，通常每罐售價約10美分。[55]1930年代，該公司推出了液體和片劑形式的食用色素。[56]然而相較之下，一般家庭往往比較喜歡色糊，因為色糊不會改變食物的稠度，而液體則會使食物變得比較水。此外，由於色糊的濃度高，所以顏色通常會比液體和片劑更深。[57]

　　在調整食物的顏色時，首先要把色糊和需要著色的部分食材混合在一起。徹底混合後，再把上了色的食材和剩餘的

食材混合均勻。在調色時，很重要的一點是要把顏色調得比理想中的顏色更深一點，否則成品的調色容易變得太淡。如果消費者需要的顏色和廠商提供的顏色不同，他們可以把不同的色糊混在一起。舉例來說，他們可以把紅色和猩紅色混合，製造出朱紅色。[58]喬瑟夫伯奈特公司在教導消費者如何調製各種不同顏色時指出，他們能用這些色素創造出來的顏色種類多到接近無限，同時也鼓勵消費者一次多購買幾個色素罐。[59]

　　19世紀晚期，商業製造的明膠也使烹飪在許多方面出現轉變，其中受到最大改變的，是具有視覺吸引力的「精美」菜餚製作。分裝明膠的出現，使得一般家庭更容易製作出美觀又美味的明膠食品。在這些產品出現之前，食譜書都會指導讀者如何製作明膠，通常都要從牛蹄中萃取出來。先把牛蹄放在水中煮6至7個小時，釋放明膠，然後將蛋清加入鍋中，澄清萃取物。接著把這鍋混合物用法蘭絨袋過濾。[60]最關鍵的一點是要把明膠處理得既透明又閃閃發光，否則「明膠的美麗之處將會被大幅破壞」。[61]然而自製明膠和商業產品不同，自製明膠往往會呈現淡黃色，並散發出來自牛蹄的「泥土」氣味。[62]使用明膠的餐點需要耗費大量時間和勞動，因此代表了財富和地位。無論是勞動階級還是中產階級的女性，通常都沒有那麼充足的時間能花5個多小時製作精緻又無法讓家庭成員吃飽的明膠甜點。

　　1880年代晚期，包括尼爾森（Nelson）、寇克斯（Cox）和諾克斯（Knox）在內的許多廠商開始出產商業明膠。商業明膠變成了製作甜點、主菜和配菜時很受流行的使用原料。由於商業明膠需要切碎或切成片，所以仍需要花半小時或更長時間浸泡才能使用。1894年，諾克斯推出了「閃亮粒狀明膠」（Sparkling Granulated Gelatine），讓消費者可以用更方便的方法使用明膠。隨著諾克斯公司推出新產品，其他明膠製造商也紛紛推出了粉狀明膠。[63]這時候的食譜便很少提到「牛蹄明膠」了，只會在原料的部分列出「一盒明膠」。在1803年出版的《林肯太太的波士頓食譜》（*Mrs. Lincoln's Boston Cook Book*）修訂版中，序言寫道：「由於粒狀明膠和泡打粉已經變得非常普遍，所以本書會在需要時給出這2種原料的比例。」[64]明膠粉和泡打粉是最早改變烹飪方法和原料的「便利」食物商品之一。[65]

　　多數商業明膠都是無色無味的。明膠製造商宣傳說，透明度能證明產品的高純度與高品質。諾克斯公司在1899年的廣告中強調，他們的產品「透明又閃亮」。[66]商業明膠和早期用牛蹄製成的明膠不同，商業明膠在使用上方便又快速，又具有新的感官特徵——沒有調色也沒有味道。然而在使用透明明膠時，女性必須另外添加調味劑和色素來製作色彩繽紛的甜點、肉凍和沙拉。

　　雖然多數明膠製造商只提供透明明膠，但諾克斯公司開

始在明膠的包裝盒中附上調味包和食用色素。到了1900年，
該公司供應的明膠共有2種：「1號無調味明膠」和「3號酸化
明膠」。1號和3號明膠的包裝盒中都附有單獨包裝的粉狀明
膠和粉紅色食用色素，能用來「為餐點添加精美的粉紅
色」。[67]諾克斯公司把3號明膠稱作「忙碌管家專屬包」，裡
面有一小包果酸和粉紅色色素。消費者可以用果酸來取代柳
橙汁和檸檬汁，為食物調味。製作明膠果凍時，必須添加一
定分量的果酸或果汁才能創造出水果的味道。[68]「忙碌的家
庭主婦」只要有一包果酸和粉紅色色素，就能夠省略榨汁和
製作食用色素的步驟。表面上看來，資本主義企業似乎使得
家務變得更容易了，但與此同時，這些產品也強化並自然化
了果凍等精美菜餚理應擁有鮮豔顏色的概念。

位於紐約樂洛鎮的神典純食品公司（Genesee Pure Food
Company of LeRoy），提供的產品甚至讓家庭主婦不再需要
在家中添加調味品和色素。他們把調味品和色素混入明膠粉
中，創造出了美國最標誌性的食品之一：吉露果凍
（Jell-O）。不過，這並不是史上第一個預先上色的明膠產
品。1845年，工程師彼得‧庫珀（Peter Cooper）為含有調味
和顏色的明膠甜點申請專利並通過了，但他並沒有為了把這
個發明商業化而創業。[69]數十年後，樂洛鎮的一位止咳糖漿
生產者波爾‧魏特（Pearle B. Wait）開發了一種明膠產品，
這種產品有覆盆子、檸檬、柳橙和草莓口味，他把這個產品

命名為吉露。不過吉露因為缺乏宣傳所以沒有獲利。1899
年，魏特用450美元（大約是2018年的14,100美元）將他的專
利賣給了神典純食品公司的總裁歐拉特・法蘭西斯・伍德沃
德（Orator Francis Woodward）。[70]一開始，神典純食品公司
的吉露販售額成長緩慢，但隨著公司開始擴大行銷，全美各
地的女性都受到了吉露的吸引。到了1906年底，吉露果凍的
銷售額達到了100萬美元。在1900年中期，神典純食品公司
推出每包10美分的吉露果凍粉，有巧克力、櫻桃和桃子口
味，另外還推出了4種口味的冰淇淋粉，2包要價25美分。[71]

　　許多女性都希望能在製作精美餐點時，耗費更少的時間
和更低的成本，而吉露的甜美色彩、多樣性、變通性和便利
性都十分符合這樣的需求，格外吸引那些無法即時從母親或
親戚那裡獲得幫助的中產階級女性。神典純食品公司在1915
年的宣傳冊中，強調吉露果凍能為餐桌帶來的視覺吸引力以
及經濟上的益處：「吉露每次都能為你帶出節慶氛圍。只要
花少少幾美分，吉露就能提供美麗的外觀與顏色，幾乎沒有
其他甜點能與之匹敵。」[72]製作繽紛的精緻甜點不再是耗時
或昂貴的過程，也不需要烹飪者擁有製作食用色素的技能或
相關知識。商業明膠的製造商（尤其是預先替明膠調好顏色
與口味的吉露公司）在行銷商品時指出，女性有了這些商品
後，就能用便利又理想的方式展示她們精美的品味。

　　雖然市場上出現了一些價格低廉、包裝方便的原料，例

如食用色素和果凍，但這些產品也無法消除精美烹飪的階級差異。商業食用色素的價格已經降到下層階級女性也能買得起了：1至2盎司的1罐食用色素只要10至15美分。[73]1900年代早期，紐約市勞工階級的家庭食物預算約為每周10美元，他們會花10美分買1罐番茄，花4到5美分買1條普通的白麵包。[74]即使食物預算吃緊，他們仍可以購買1瓶10美分的商業食用色素，主要是因為1罐色素能使用很長一段時間。儘管如此，食譜和女性雜誌提出的食品調色和烹飪建議主要還是針對白人中產階級女性提出的，這些建議加強了性別、階級、種族和具有視覺吸引力食物之間的關聯。

精美、人工製造和安全

19世紀晚期和20世紀早期，由於社會大眾不斷爭論商業食用色素是否具有毒性，所以在調整食物的顏色時，分裝食用色素並沒有完全取代較早期的蔬果汁。隨著食品製造商添加在產品中的合成色素越來越多（其中也包含有毒物質），家政學家和食譜作者也開始警告女性，這些化學添加劑會帶來哪些有害影響。廠商為家庭製造的商業色素中通常也會包括合成色素，在聯邦政府於1906年建立《純淨食品和藥物法》之前更是如此。色素與色素調色食品的安全性，變成了家庭最關注的核心問題。

　　企業在糖果中摻入廉價有毒色素是很嚴重的問題，因為買不起昂貴甜品的孩子通常都會買便士糖果。這些廉價產品更有可能含有毒色素，用一位食譜作者的話來說，企業加入這些有毒色素只有一個愚蠢的目的，「那就是吸引孩子的視線」。[75]根據1865年的一本糖果食譜所述，糖果的有毒色素「變得非常普遍」，而且「吃進任何經過調色的糖果都是非常不安全的事」，尤其是廉價的糖果。[76]1877年，《紐約時報》（New York Times）的一篇文章報導說，便士糖果中通常含有「最致命的毒素」，例如紅鉛、銅、藤黃、朱砂和鉻酸鉛。[77]

　　食譜作者和家政學家都認為，家庭主婦應該是保護家庭不受食品摻假影響的最後堡壘，他們普遍認為自製色素比商業色素更安全。一位甜品食譜作者認為，「自製糖果絕對沒有雜質」這件事「對於思考縝密的母親來說，絕不會是次要的考慮因素」。[78]1897年，《女性家庭雜誌》的一篇文章指導讀者，若想把糖果染成粉紅色，可以添加幾滴胭脂蟲紅，避免使用任何有毒物質的可能性。[79]費城烹飪學校（Philadelphia Cooking School）的理事莎拉・泰森・羅爾（Sarah Tyson Rorer）在《女性家庭雜誌》的一篇文章中，建議家庭主婦使用菠菜汁作為綠色色素，因為菠菜汁「絕對無害」。羅爾指出：「我懷疑市場上出售的綠色染色劑，並不是由菠菜製成的」。[80]1899年的《波士頓烹飪學校雜誌》同樣主張，在製作糖果時使用「植物色素是最好的」，並建議讀者使用甜

菜、蔓越莓汁、胭脂蟲、新鮮菠菜、蛋黃和胡蘿蔔汁等原料調色，不要購買食用色素。[81]為了避免孩童買到有毒的產品，女性開始在家中為食物著色，尤其是糖果。[82]

為了讓消費者相信商業食用色素無毒，食用色素製造商會在宣傳時強調他們的產品十分安全，並強調使用商業色素的經濟效益和便利性。芝加哥的普萊斯調味萃取公司（Price Flavoring Extract Company）的主要業務，是在美國中西部為普通家庭提供「普萊斯先生食用色素」，該公司在1904年的宣傳手冊中指出，他們的色素全都來自植物，不含合成色素或「其他有害健康的物質」。該公司主張，由於「每一位真正的家庭主婦心中，都一定很熱愛精美的菜餚」，所以純淨而安全的色素可以讓女性「在不損害健康或舒適的情況下」，創造出具有視覺吸引力的菜餚。[83]

喬瑟夫伯奈特公司的色素產品主要是由合成色素製造而成的，該公司利用聯邦法規來保證他們的食用色素是無害的。[84]美國農業部在1907年承認7種合成色素是經過認證的色素後（正如我們在第三章討論到的），伯奈特便把公司的色素樣本送到農業部的化學局進行認證。[85]儘管公司沒有向消費者透露色素的成分，但他們在宣傳品中聲明，他們把每一種色素的樣品送交給政府進行分析。他們在宣傳品中強調，色素的純淨度已獲得聯邦政府的認證。喬瑟夫伯奈特公司指出，由於他們生產的色素濃度很高，所以經濟效益也很高：

由於消費者每次只需要使用少量的伯奈特色素，所以一罐色素可以使用很久。此外，為了吸引客戶，喬瑟夫伯奈特公司還特別指出他們的色素沒有味道、易溶於液體又不受強光與高溫的影響，這是烹飪用色素的必要特色之一。[86]

　　到了20世紀早期，烹飪方面的權威人士開始鼓勵女性使用商業色素，其中也包括合成色素。《波士頓烹飪學校雜誌》經常在廣告業面刊登喬瑟夫伯奈特公司出產的色漿和香草萃取物。在1903年出版的《林肯太太的波士頓食譜》修訂版中，出現了食品色素製造商克里斯多福韓森實驗室公司的廣告，這間製造商除了家用食品色素外，也生產酪農業的奶油色素。在較早的1884年《林肯太太的波士頓食譜》中，沒有任何推銷商用色素的廣告。1903年的修訂版則以「新增食譜」為主要特色，其中也包括了需要「色糊」的餐點。在「葡萄乾麵包捲」的食譜中，林肯指示讀者使用「綠色色糊製作出精緻的調色」。在冷凍布丁的食譜中，她建議讀者「使用黃色、粉紅色或綠色色糊，為布丁調整出細膩的顏色」。[87]這些食譜漸漸放棄了自製色素。家庭主婦需要食用色素時，不再待在家裡自行製作，而是改為去商店購買。

　　女性雜誌和食譜也會暗示分裝色素不一定有毒，藉此推銷讀者使用食用色素。1901年，《女性家庭雜誌》的一篇文章指出，用於糖霜的色素用量非常少，不會對健康產生不利的影響。[88]《好管家》的一位食品編輯主張，比起胭脂蟲紅，

她更喜歡經過認證的合成色素「莧菜紅」（Amaranth），因為這種色素「顏色美麗又完全無害」。[89]美國後來將莧菜紅稱為紅色2號（Red No.2），但這種色素並不是「完全無害的」。在20世紀中期，科學家在報告中止出莧菜紅對人類健康有負面影響。但長期以來，美國與其他國家一直認為這種色素是最安全的其中一種合成色素。食譜作者和家政學家也提供背書，協助證明商業色素可以安全食用。

為了吸引女性消費者，色素和明膠的製造商通常不只會宣傳產品的安全性，也會把「精美」當作產品的主要特徵。克里斯多福韓森實驗室公司在1903年的宣傳手冊中，用「精美色素」（Dainty Colors）這個品牌銷售公司的食用色素，價格是一罐1盎司的色素10美分。[90]該公司指出，這個品牌的色素正如名稱所述，特別適合用來為精美的甜點調色，包括糖果、冰淇淋、果凍、糖霜和明膠甜點，女性可以利用這種色素展現理想的陰柔氣質。[91]喬瑟夫伯奈特公司分發了許多食譜廣告手冊，包括《精美點心和甜品》（Dainty Desserts and Confections）以及《精美的藝術點心》（Dainty and Artistic Desserts）。這些廣告手冊主張，女性只要可以使用他們公司的色素，就能輕而易舉地製作出「一桌充滿美感的佳餚」。喬瑟夫伯奈特公司還警告女性，由於色糊的顏色很濃，所以要避免使用過量，「精緻的調色」才會顯得「更有吸引力、更能引起食欲」。[92]1910年代中期，明膠生產商諾

克斯公司分發的宣傳品包括了《適合品味精美者的精美甜點》（*Dainty Desserts for Dainty People*），這份宣傳品中包含了色彩繽紛的明膠甜點和沙拉食譜。[93]這些食用色素和明膠的製造商都在透過他們的宣傳品告訴家庭主婦，要如何製作出顏色「正確」的食物──這些食物代表了女性的審美品味，是一種眾人都夢寐以求的新型態女性理想。

喬瑟夫伯奈特公司在廣告中的言論，呼應了支持科學烹飪的家政運動所秉持的原則。[94]自19世紀晚期以來，家政學家的研究主要都聚焦在食物的易消化性和營養功能上。隨著時間的推移，食物的適口性顯得越來越重要，變成了烹飪食物時必須考慮的另一個重要因素。在1893年的芝加哥哥倫布紀念博覽會（World's Columbian Exposition）上，家政運動的先驅艾倫・理查茲（Ellen Richards）在拉姆福德廚房（Rumford Kitchen）的展覽傳單中指出：「味覺是我們的守門人，除非食物能博得這位守門人的好感，否則就算是最有營養的食物，也一樣不會受到任何歡迎。」[95]除了家政學家特別關注食物的口味和消化性之外，喬瑟夫伯奈特公司也在1914年的宣傳品中寫道：

> 用食物的型態和顏色組合出令人滿意的視覺效果，或者利用明智且偶爾出現的調味刺激味覺，你將能消除進食者的食慾不振，並刺激他們體內產生更多促進消化

　　的液體，在這種狀況下，就算是最普通、最常見的食物，進食者也會津津有味地把它們吃掉。[96]

　　到了次年，喬瑟夫伯奈特公司委託家政學家珍妮特・麥肯錫・希爾（Janet MacKenzie Hill）協助撰寫一本食譜廣告手冊。希爾在波士頓烹飪學校（Boston Cooking School）任教，同時也是《波士頓烹飪學校雜誌》的編輯。希爾指出：「喬瑟夫伯奈特公司的『標準色糊』（Standard Color Pastes）能幫助你做出精美的食物，就連最挑食的人也會胃口大開。」[97]這份宣傳品利用烹飪權威傳達的訊息是，食物的顏色不僅可以取悅眼睛，還可以刺激消化器官的運作。[98]

　　明膠的製造商顯然也對營養越來越感興趣。在1920與1930年代，吉露公司的行銷人員繼續在產品和色彩繽紛的菜餚之間建立連結，而諾克斯公司則開始強調明膠產品在健康方面的益處。到了1930年代中期，諾克斯公司已經在銷售1號明膠和3號明膠時附上食用色素，但仍舊繼續在3號明膠中附上果酸。[99]3號明膠在1940年代停產，此後該公司生產的明膠只剩下沒有添加任何調味和調色的明膠。[100]諾克斯公司不再附上食用色素，代表的是他們改變了行銷策略，開始從不同角度和添加色素的產品競爭，例如吉露果凍。諾克斯公司在1938年的宣傳手冊上寫道，請消費者不要把他們的產品「誤認為其他已經添加了調味的明膠甜點」，後者的成分裡「有

85%的糖和工廠製作的調味劑」。「這種調味粉的蛋白質含量幾近於零，而且這麼高的含糖量也代表了它們絕對不該被列入『不易增胖飲食』中！」[101]諾克斯公司越來越頻繁地在他們的明膠產品和健康飲食之間建立連結，而不去連結充滿了糖和色素的甜點。在1931年的宣傳手冊中，諾克斯公司指出，多年的醫學研究證明了「明膠有助消化，很適合混在牛奶中給嬰兒和成人食用，若要給嬰兒食用，使用的只能是不含糖、色素和調味劑的普通明膠」。[102]然而他們的宣傳品中通常也會包括色彩繽紛的餐點，這些餐點的食譜有時會需要額外添加食用色素，在製作甜點的食譜中尤其如此。諾克斯公司在沙拉的食譜中指出，由於他們的明膠產品是透明的，所以消費者可以在明膠中添加不同的蔬菜（例如番茄、胡蘿蔔和青豆），創造出顏色的變化。[103]食物的顏色仍是烹飪和餐點中的關鍵要素。

戰後美國，從勞動力到創造力

　　20世紀中期著名的行銷研究人員恩斯特・迪希特（Ernest Dichter）在1964年出版的《消費者動機手冊》（*Handbook of Consumer Motivations*）一書中寫道：「甜點的外觀以及呈現出來的美麗、色彩和俏皮，都體現了陰柔的氣質。」他分析了社會大眾把甜點視為陰柔符號的文化意

義，認為女性「會關注菜餚的視覺吸引力，也有能力製作出具有說服力的裝飾，以及輕盈、精美又優雅的質感，這些都象徵了女性在本質上的陰柔特質」。[104]迪希特在進行全面市場研究與觀察食品時，主要都是基於那個時代對性別角色和消費模式的理解。他的研究絕不是對市場的「科學」分析或「客觀」闡述，事實上，他強調的是把食物的外觀當作女性氣質和女性美德的代表，體現了美國在20世紀中後期的性別意識形態與食物視覺性形象之間的關係。[105]

到20世紀中期，食用色素和家庭烹飪的人工程度和便利度達到了一個嶄新的階段。食品的技術和科學不斷發展，製造商因而能創造出新型加工食品，包括蛋糕預拌粉和罐裝糖霜。蛋糕預拌粉在1930年代早期開始商業化，當時匹茲堡的一家糖蜜罐頭公司普達夫與桑斯（P. Duf and Sons）獲得了第一個蛋糕預拌粉產品的專利。[106]但許多早期產品都只有在特定區域銷售，而且一直到10年後蛋糕預拌粉市場才開始起飛。在1947年和1948年，兩大預拌粉公司通用磨坊公司和貝氏堡公司（Pillsbury）分別推出了蛋糕預拌粉，使得預拌粉的市場迅速擴大。1947年，蛋糕預拌粉的銷售額約是7,900萬美元，到了1950年代早期，美國消費者花在蛋糕預拌粉上的支出是1947年的2倍多。[107]

在戰後時期，美國的食品廣告商在行銷工業加工品給中產階級家庭主婦時指出，這些產品是她們在追求現代生活方

式和履行母親和妻子職責時能使用的一種重要手段。[108]二戰後，越來越多女性在家庭之外就業。對忙碌的女性來說，散裝食材能提供更省時的防呆烹飪方法。[109]他們把蛋糕烘焙轉變成一個簡單的過程，只要把水和雞蛋加入預拌粉中就可以了。女性在製作具有觀賞價值的菜餚以傳達女性氣質時，不再需要特殊技能、各式各樣的原料和數小時的準備時間。《好管家》中的一位專欄作家在1950年指出：「對現代妻子而言，當丈夫請求你烤一個他最喜歡的蛋糕時，你不再需要怕得瑟瑟發抖了。只須從儲藏室的架子上拿起一包蛋糕預拌粉，就可以開工了。」這篇文章給讀者的第一條指令是：「閱讀蛋糕預拌粉包裝或特定食譜中的指示……把烤箱加熱到包裝上指定的溫度。」[110]現代廚房迎來了烹飪便利的時代。

蛋糕預拌粉製造商的廣告把人造物、便利和創意混合在一起。他們認為，若新產品的唯一優勢只有便利的話，女性是不會接受的。1950年中期，迪希特在針對通用磨坊的蛋糕預拌粉做調查時，認為「加水」這個步驟太簡單了，女性將會因此失去製作蛋糕帶來的成就感和滿足感。他建議公司改變配方，讓女性在使用預拌粉時，除了加水之外還要加入雞蛋。[111]正如卡拉爾‧安‧馬林（Karal Ann Marling）所說的，「蛋糕就像雕塑，表面必須覆蓋顏色鮮活的糖霜。蛋糕是對母愛和女性能力的試驗，是散裝蛋糕預拌粉與精通烹飪藝術之間的戰場，也是現代輕鬆烹飪與耗時老式廚房苦差事

之間的戰場。」[112]用散裝材料製成的觀賞蛋糕，在靈活和創意之間取得了微妙的平衡。

視覺吸引力與好母親形象

　　一旦「母愛」不再是烘焙本身的成分，它就被轉移到蛋糕的裝飾和風格中。1985年，《美好的家園》（*Better Homes and Gardens*）的一篇文章中，作者主張：「各位美女，聽好了！所有美味的蛋糕一開始都是預拌粉。」「蛋糕預拌粉的分裝包裡面裝了重量精確的原料」，消費者必定能成功做出蛋糕。「若你希望你製作的蛋糕具有個人風格，你可以用糖霜美化蛋糕，創造出令人激動的蛋糕裝飾。」[113]女性雜誌介紹了許多種製作彩色糖霜和裝飾蛋糕的方法。其中有一些雜誌甚至根本沒有列出烘焙蛋糕的食譜，而是直接請讀者使用一盒蛋糕預拌粉，接著便把焦點放在蛋糕裝飾上。《好管家》有幾個系列專欄都聚焦在蛋糕裝飾上，會向讀者解釋如何用擠花袋擠出糖霜，並創造出星星和花朵等裝飾圖案。[114]通用磨坊甚至在1960年代中期出版了《貝蒂妙廚的蛋糕與糖霜預拌粉食譜》（*Betty Crocker's Cake and Frosting Mix Cookbook*），這本書完全聚焦在如何使用散裝預拌粉製作蛋糕。通用磨坊在引言中回顧過去，告訴女性讀者，在1940年代出現的蛋糕預拌粉是一場「革命」：隨著「簡單與便利」變成了「製作蛋糕的標誌特色」，任何女性都可以成為「使用預拌粉的藝術家」。[115]若想使蛋糕

變得「與眾不同」，女性該下功夫的地方不再是味道，而是視覺吸引力。[116]

　　食品製造商開始嘗試說服家庭主婦，她們可以使用大量生產的色素商品來展示自己的個性和創意。蛋糕預拌粉製造商指出，只要使用各式各樣不同的顏色，就能使蛋糕的裝飾方法多到趨近無限，若想發揮「創意」，蛋糕預拌粉和糖霜絕對是所有女性最好的夥伴。[117]當時最受歡迎的糖霜顏色之一仍是淺粉色，貝蒂妙廚和其他蛋糕預拌粉的廠商時常在廣告中展示淺粉色的蛋糕。不過，若想要為多個不同場合製作蛋糕的話，多種顏色的糖霜是很重要的關鍵。1953年，通用食品（General Foods）在食譜小冊子《蛋糕的祕密》（*Cake Secrets*）中介紹了粉紅色、白色、綠色和黃色的糖霜，消費者可以用這些糖霜裝飾蛋糕、杯子蛋糕和餅乾。這本小冊子用五顏六色的圖片展現了製作蛋糕和裝飾蛋糕有多簡單，當讀者使用的是通用食品的蛋糕預拌粉時尤其如此。《蛋糕的祕密》傳達了很明確的訊息：女性只要使用分裝的蛋糕原料和多種顏色的糖霜，就能輕而易舉地向家人和客人展示她們的創意、陰柔氣質和殷勤待客的態度。[118]

　　許多公司的分裝產品逐漸變得越來越相似，只剩下品牌名稱仍有差異，因此顏色多樣性就成了這些食品加工商脫穎而出的競爭優勢。由於消費者可能會購買同一品牌的不同顏色產品，所以公司可以靠著顏色多樣性鼓勵消費者重複購

買。1950年代早期，桂格燕麥公司（Quaker Oats Company）
推出了傑邁瑪阿姨（Aunt Jemima）蛋糕預拌粉，裡面會附上
1包調味色素粉，無須額外付費。這款商品的廣告寫道：「替
你的蛋糕改變口味和顏色——就像變魔術一樣！」共有4種能
夠「改變口味與顏色」的傑邁瑪阿姨蛋糕預拌粉：黃色代表
「黃金檸檬」蛋糕，綠色代表「愉悅冬季」蛋糕，粉紅色代
表「天堂薄荷」蛋糕，橙色代表「舊時香料」蛋糕。消費者
只要在原本會製作出白色蛋糕的蛋糕預拌粉中加入1包粉末，
就可以製作出這4種不同口味和顏色的海綿蛋糕。這款預拌粉
的廣告標語是「最新型態的蛋糕預拌粉！」旁邊則是傑邁瑪
阿姨的人像：一名非裔美國家務傭人，這個人物形象流行了
很長一段時間。[119]廣告還強調了「自製」蛋糕的「歡快」外
觀和「華麗」色彩，並指出製作蛋糕的簡單流程不但不會損害
女性的創造力，甚至能幫助她們在烹飪時表現得更出色。[120]

　　在戰後時期，人們越來越常把色彩繽紛的蛋糕帶來的愉悅
心情和母愛連結在一起。母親這個角色一直以來都在為孩子們
製作色彩繽紛的食物。19世紀晚期，在社會大眾發現有些商業
製造的糖果中含有毒物質時，許多食譜都開始建議女性在家中
製作五顏六色的糖果和甜點，保護孩子的健康。戰後期間，儘
管在大眾媒體提供的家務指南中，仍有很大一部分都在討論兒
童健康和營養食品，但也有越來越多指南把焦點放在如何吸引
兒童的目光上。接著，1940與1950年代出現了嬰兒潮，美國人

的結婚年齡變得很早，這些夫妻平均會在婚後2、3年內生下3個孩子。許多人都認為建立一個以孩子為中心的家庭，就代表他們獲得了成功又幸福的個人生活。社會大眾認為沒有孩子的家庭離經叛道、自私又可憐。[121]小兒科醫師班傑明・斯波克（Benjamin Spock）在1946年的著作《嬰兒和兒童護理常識》（*The Common Sense Book of Baby and Child Care*）中指出，父母的愛和關注，對於孩子的成長來說是必須要素。在育兒建議這一領域中，斯波克是最具影響力與爭議性的人物之一。斯波克強調，對孩子做出物質和情感方面的付出，是至關重要的一件事。[122]

在戰後期間的烹飪指南中，我們可以清楚看到以孩子為中心的家庭觀點。許多食譜都向女性保證，只要利用既簡單又便利的食譜與產品，她們就可以和孩子建立親密的情感關係。《美好的家園》的編輯在1953年的一篇文章中寫道，孩子們會「永遠記住『媽媽的蛋糕』是這麼特別、這麼美味、這麼漂亮。」[123]她指出，即使母親使用的是蛋糕預拌粉，也一樣可以向孩子表達她們的愛。相較於簡單的蛋糕烘焙，更重要的是精心的裝飾，而她們可以使用糖霜預拌粉來裝飾蛋糕。

食譜和女性雜誌上刊登了各種兒童裝飾蛋糕的圖片。有些蛋糕的形狀不太一樣，例如貓、船、洋娃娃和靴子。[124]舉例來說，《好管家》在1952年刊登的一篇文章描繪了「鮑比的氣球蛋糕」，這個蛋糕是天使蛋糕，上面裝飾了白色糖霜

和各種顏色的橡皮糖片；名叫「甜蜜16歲」的蛋糕上則塗了一層厚厚的淺粉色鮮奶油，蛋糕邊緣插上了繽紛的硬糖片。有的蛋糕上面的裝飾品是彈頭先生（Humpty Dumpty）、蝴蝶和花朵。[125]在這個嶄新的便利經濟時代，廣告商向消費者承諾，他們的盒裝商品不但能製作出食品，也能讓母親展現母愛。

這些裝飾過的蛋糕和甜點，經常出現在食譜和雜誌栩栩如生的彩色照片中。我們在第二章曾討論過彩色攝影逐漸流行起來的過程，這些照片向讀者展示了糖霜適合怎麼樣的顏色與深淺，幫助讀者在腦海中想像成品。19世紀晚期，食譜裡只有非常簡短的文字說明，沒有彩色插圖，因此特定食物的顏色深淺在很大的程度上，其實取決於個人的喜好和創意。在一般觀念中，女性應該要知道在製作蛋糕和糖果時應該添加多少胭脂蟲紅和菠菜汁。如今製造商已經預先為糖霜預拌粉和蛋糕預拌粉調好色了，女性不再需要測量色素的多寡，甚至也不需要思考如何調色，就能製作出顏色「正確」的蛋糕。

彩色的照片和食譜，使女性得以創造出對烹飪的想像。許多女性可能根本沒有真正花時間去製作複雜的蛋糕，也沒有按照食譜和雜誌提供的建議烹飪，她們只是很享受雜誌和食譜中那些色彩繽紛的餐點照片而已。這些食譜往往會在烹飪步驟中指出，烹飪者必定可以在便利原料的幫助下，用更

簡單的方法完成餐點。[126]精緻蛋糕的食譜會建議烹飪者使用蛋糕預拌粉和分裝糖霜，許多女性因此能夠用更簡單的方法製作具有觀賞價值的蛋糕。迪希特在分析20世紀中葉的蛋糕預拌粉和類似產品為何能成功時指出，蛋糕預拌粉不僅節省時間，而且還使現代女性能夠「用新的形式發揮創意」。許多女性都利用這些新產品，在家用「簡單的方法」烘焙蛋糕，這些方法確保了她們「幾乎每次製作蛋糕都能成功」。[127]許多食譜都鼓勵女性發揮「創意」，與此同時，這些食譜也會提供具體的指示，建議女性使用分裝原料，使得女性在製作餐點時減少時間和金錢的支出，也減少了創意的需求。此外，社會大眾也期望女性使用與表達「創意」的主要目的是滿足家庭的需要，而不是為了讓自己開心。[128]理想母親和理想妻子的新標準中，包含了各種罐頭和甜品預拌粉。

　　戰後時期，除了蛋糕烘焙業中的產品變得高度人工化，**就連口味和視覺之間的連結也變成「人造」的**。蛋糕和糖霜預拌粉的顏色通常代表了口味，但是這種顏色與口味的連結與真實世界的狀況不一定有關。舉例來說，草莓口味的糖霜是粉紅色的，但草莓實際上並非粉紅色，而且糖霜的味道吃起來也不像新鮮草莓。不過，隨著加工食品湧入市場，消費者逐漸學會了把特定的粉紅色視為「草莓」的顏色和口味。舉目可及的各種媒介上都充滿了繽紛的食品廣告，這些媒介包括報紙、雜誌、電視和廣告看板等。**由於人們廣泛使用人**

工食用色素（和調味劑），也由於顏色和口味之間越來越深的人造連結，使得食品加工廠能夠用更經濟、更一致的方式大量生產標準化的產品，將這些產品推銷給大眾消費者，告訴他們這些產品是實踐「創意」的必要道具。

家庭烹飪與飲食感官體驗的改變

　　商業食用色素與使用了色素的商業食品逐漸普及，變成了中產階級女性表現「民間高雅」的助力。19世紀以降，食用色素取代了女性過去在家中烹飪時必須耗費許多精力完成的勞動。具有視覺吸引力的菜餚象徵了上層階級白人女性的社會資本和經濟資本，只有她們才有這麼大量的資源和時間，能製作（或要求其他人製作）這些複雜又耗時的食物。20世紀初，市場上出現了價格較便宜的分裝食用色素和粉狀明膠產品，簡化了中產階級家庭為食物調色的步驟，使他們更有機會製作出具有觀賞價值的餐點。到了戰後時期，廣告商提出了更誘人的承諾：用盒裝產品發揮創意與展現母愛。

　　從20世紀早期到中期，家庭烹飪、家庭飲食的感官體驗和視覺環境發生了根本上的變化。食譜、雜誌文章和食譜宣傳手冊中出現了專業人士的背書，在食物製造商的傳播下，這些印刷品推動了商業加工原料進入一般家庭廚房的過程。加工食品原料的普及，甚至加強了理想陰柔氣質與餐點視覺

性之間的關聯。新商業產品的出現和密集的企業行銷不僅改變了女性創造繽紛菜餚的方式，也改變了女性在家庭烹飪使用人造原料的頻率：女性對人造原料的接受程度提高了。食品加工廠、廣告商和食譜作者都將人造原料吹捧成女性在家中製作色香味俱全的菜餚時必須擁有的工具之一，也因此人造原料逐漸成為食品看起來足夠「天然」的新標準。

第五章

把綠柳橙變成橙色

Making Oranges Orange

人造產品逐漸變成天然食品顏色中不可或缺的一部分。19世紀晚期，美國消費者第一次遇到了來自遙遠產地的農產品，包括香蕉、柳橙和鳳梨。[1]在此之前，多數消費者的食物來源都是當地農夫和他們自己種植的農作物。新鮮農產品只會在生長季節出現。雖然上層階級的消費者買得起進口蔬果，但由於交通系統尚未發展完全，他們的選擇很有限。到了1850年代，佛羅里達州和加利福尼亞州的農產品開始進入美國東北部的市場，然而等到這些食物抵達東北部的販售地點時，往往都已經損壞和腐爛了。大約從1870年開始，冷藏列車和長途運輸系統的發展使企業能順利運輸易腐損的農產品。[2]農民、種植者和包裝商開始使用各種顏色控制的技術，希望能提供顏色一致的蔬果，許多消費者開始認為這種顏色就是「天然」農產品的顏色。這些科技創新不但改變了美國人的飲食習慣，最後也改變了全球的飲食習慣。

自從創造了農業技術，人類就一直在控制自然環境。我們挑選適合特定季節和特定地區的作物，我們為了增加產量與改善品質，把各式各樣的農作物拿來配種。然而，到了19世紀晚期至20世紀中期，人類在控制自然環境方面出現了關鍵轉折：我們發明了新的農業機械和化學物質，農民與貿易商因此能夠用有效率又一致的方法控制農產品的顏色。[3]

美國內戰後的數十年間，機械化與農產品的普及使得農

產品生產過剩，價格下跌。

　　第一次世界大戰爆發後，美國的農民變成了歐洲市場的農產品供應商，因此緩解了美國的農業問題。然而戰爭結束後，歐洲對美國農產品的需求逐漸減少，生產過剩導致價格迅速下跌，農村地區的經濟也衰退。[4]提高蔬果可銷售性和農民收入，變成了關鍵的國家問題。[5]對於在大眾市場上銷售農產品的農民和種植者來說，產品品質（包括顏色）的標準化變成了不可或缺的關鍵要素。

　　食物顏色的標準化與一致化出自於一系列的作為和信念：政府試圖規範和促進農產品的生產與行銷、農夫和種植者渴望能控制環境並創造足以持續下去的利潤、消費者改變了他們對於能刺激食欲的食物與天然食物的看法。**在食物的顏色標準化後，隨之而來的各種圖像訓練了消費者的眼睛，使消費者格外重視某些顏色。**

　　新穎食品進入了美國市場，立法者、農業生產者、貿易商和廣告代理商紛紛站出來教導消費者食品應該擁有何種「正確」和「天然」的顏色，其中有許多顏色都是消費者過去從沒吃過或見過的。隨著現代消費者文化中的天然食品變得越來越多樣，資本主義也逐漸擴張，這使得社會大眾開始用特定的期待去觀看「天然產物」。

創造消費者對顏色的期待

黃色的香蕉

　　到了1910年代，香蕉成為美國最受歡迎的食物之一，人們一眼就能認出香蕉的黃色和彎曲的形狀。在1890年代之前，美國市場上的香蕉其實不只黃色這一種「天然」顏色。香蕉是在19世紀早期開始進口美國的，當時市場上交易的主要是「古巴紅香蕉」（Cuban Red）這個品種，它的皮是紫紅色的，比後來普及的黃色香蕉更小、更豐碩。[6]香蕉的進口量在19世紀持續增加，期間至少有2個不同品種從中美洲與南美洲進口到了美國，這些香蕉主要來自古巴和巴拿馬：外皮是紫紅色的達卡紅香蕉（Dacca）和外皮是黃色的大米七香蕉（Gros Michel）。[7]對於當時的多數消費者來說，紅色和黃色的香蕉都是奢侈品，一根香蕉售價是10到25美分，而當時的牛腰脊肉售價大約每磅10美分。[8]

　　在1870年代和1880年代，住在城市地區的中上層階級消費者有時會在雜貨店和不同的宣傳媒介中看到這兩種香蕉。1871年，柯瑞爾與艾夫斯公司的版畫《熱帶水果》（*Fruits of the Tropics*）中同時出現了紅色和黃色的香蕉以及其他水果。[9]1884年出版的《林肯太太的波士頓食譜》中有一道名叫「熱帶雪」（Tropical Snow）的餐點，原料包含了6根「紅香蕉」與其他「熱帶」水果，例如柳橙和椰子。這道甜點是由

柳橙切片和香蕉切片一層層疊起來的，上面撒滿了厚厚的椰子和糖粉。[10]1889年的一則香蕉廣告也指出香蕉有2種，這則廣告甚至主張紅色香蕉「是最好的品種」。[11]

從1890年代開始，隨著香蕉的進口量增加，零售價格便逐漸下降。1904年，《科學人》（*Scientific American*）刊登的一篇文章甚至把香蕉稱為「窮人的水果」。[12]20世紀的頭數十年，進口到美國的香蕉數量迅速增加：1910年進入美國港口的香蕉是4,000多萬串，接來的4年間，香蕉數量增加到了接近5,000萬串。[13]人均香蕉消費量從1915年的18.1磅上升到1928年的23.4磅。[14]香蕉變成了各種食譜中十分常見的原料，通常會出現在布丁、冰淇淋和派餅等甜點中。[15]到了1920年代，香蕉已經變成了美國流行文化的一部分，經常出現在歌曲、詩詞和小說中。[16]

隨著香蕉越來越受歡迎，美國消費者**開始認為品質優良的成熟香蕉都應該是黃色的**。由於黃色的大米七香蕉的皮較厚，所以比紅色品種的香蕉更適合運到距離遙遠的市場。[17]聯合水果公司（United Fruit）和其他水果公司在拉丁美洲種植園中種的香蕉，只剩下大米七香蕉這個品種，其他品種都被放棄了。所有進口到美國的香蕉看起來都一模一樣，顏色、形狀和口味都是一致的。[18]雖然市場上仍有一些零星的紅色品種香蕉，價格卻比較高：黃色香蕉的批發價約為每串1.5美元至2美元，紅色香蕉則通常是每串2美元至3美元。[19]香

蕉的生物特徵和物流公司的經濟誘因推動社會大眾決定了香蕉的顏色，到了最後，美國消費者理所當然地認為香蕉就應該是黃色的。

　　20世紀早期，水果合作社和廣告代理商開始教導消費者，如何判斷水果是否已經成熟可以食用的階段，因此強化了消費者對食品顏色的普遍認知。聯合水果公司的子公司「水果物流公司」（Fruit Dispatch Company）經常在食譜宣傳手冊和廣告中解釋，要如何根據香蕉的顏色來判斷成熟程度，通常會配上彩色插圖。[20]當香蕉大致上呈現黃色，只有尖端是綠色時，代表的是果肉吃起來會堅硬又帶有粉感，這時應該把香蕉放在適合的室溫下等待完全成熟，或者直接煮熟；當表皮全部變黃時，就代表香蕉達到了「黃熟」階段，這時大部分澱粉都變成糖了，吃起來十分可口。黃熟階段的香蕉很容易消化，也足夠結實，可以製作成料理；當香蕉的黃色表皮中出現了棕色斑點，代表香蕉進入了「完全成熟」階段，此時所有澱粉都已經轉化成糖了，十分易於消化。完全成熟階段的香蕉吃起來是「最美味」的。[21]廣告和食譜上充滿了黃色香蕉的圖片。就連香蕉貿易商之外的廠商印刷宣傳冊裡，也只會出現黃色的香蕉。[22]

　　水果物流公司和合作社也會為批發商和零售商提供「顏色教育」。標準水果與汽船公司（Standard Fruit and Steamship Company，1960年代被「都樂食品公司」〔Dole Food

Company〕的前身「城堡庫克公司」〔Castle & Cooke〕收購）在20世紀中葉開始分發彩色海報給雜貨商，海報上面是香蕉在不同成熟階段時會是什麼顏色。物流公司把香蕉運送到零售地點時，香蕉通常都是還沒有熟的綠色，如此一來，雜貨商才能在香蕉品質最好的時候進行銷售。零售商可以靠著香蕉顏色指南海報，判斷何時該把香蕉放到銷售區販售。在香蕉的外皮呈現「黃色多於綠色」的黃綠色時，就代表這些香蕉「已經可以放到架上販售了」。由於這些尚未完全成熟的香蕉能放在貨架上的時間，會比其他完全成熟的水果更久，因此雜貨商的商品損失率會下降，而消費者也可以選擇直接烹煮這些尚未成熟的香蕉，或者把香蕉放到完全變黃。[23]

亮橘色的柑橘類水果

在香蕉成為日常水果的這段時間，另一種如今很流行的水果也變成了許多美國消費者常吃的食物，這種水果就是柳橙。柑橘類水果和香蕉一樣，在19世紀的最後數十年之前，一直是只有相對富有的人才買得起的商品。[24]對許多人來說，柑橘是很奢侈的水果，只會在感恩節或聖誕節等特殊場合買來吃。當時常會有家長把柑橘放在小孩的聖誕襪中當作禮物。對東北地區的消費者來說，柳橙是少數能在冬天買到的水果，柳橙的鮮豔色調象徵了高溫的熱帶地區。[25]

在20世紀的頭數十年，柑橘的消費量出現大幅增長，在

城市裡尤其如此。除了橫貫美國的鐵路和冷藏運輸車的出現之外，柑橘業的大規模行銷廣告也推動了全美各地的柑橘消費量。[26]加州水果種植者交易所（California Fruit Growers Exchange）是加州最大的柑橘合作社與香吉士果農公司（Sunkist Growers, Inc.）的前身。1907年，該交易所在加州南太平洋鐵路公司（Southern Pacific Railroad）的財務支持下，展開了第一個大型的柳橙廣告行銷實驗，目標市場是愛荷華州。[27]行銷結束後，愛荷華州柳橙銷售量成長了50%，全國的柳橙成長量是20%。[28]該交易所通常會在廣告中把柳橙描述成一種膳食主要成分，是早餐與學校午餐中很重要的一部分。[29]柑橘產業的推廣，再加上營養師和家政學家的建議，使得柑橘水果變成了「風行全美」的一種水果。[30]

在這之前，無論是柑橘生產商還是廣告代理商，都不認為他們能成功推廣柳橙或任何農產品。他們認為柳橙就「只是一顆柳橙」，推出廣告時沒有什麼新穎之處值得一提。此外，他們也覺得為農產品取商品名稱是不可能做到的事。[31]1908年，加州水果種植者交易所的廣告代理為該合作社銷售的柳橙想出了一個商品名稱：香吉士（Sunkist，是「被太陽親吻」〔kissed by the sun〕的諧音）。[32]正如約翰・索盧瑞（John Soluri）在分析金吉達香蕉（Chiquita）時所說的，**水果物流公司和合作社成功把農產品轉變成消費者可以用品牌名稱分辨出差異的零售產品了**。該交易所在宣傳時指出，他

們提供的水果都是來自特定地區和特定公司，希望能把這個品牌名稱和高品質產品連結在一起。[33]

　　柳橙的顏色是品質好壞和品牌識別的重要特徵。加州和佛州的柑橘廣告使用亮橙色來代表柑橘類水果的新鮮、成熟和豐富性。這種廣告推動了社會大眾在果皮顏色與食用品質之間建立連結，並將這種連結天然化。歷史學家道格拉斯·薩克曼（Douglas Sackman）針對加州柑橘產業做了研究，在研究中描述了加州水果種植者交易所如何重塑柑橘水果的文化意義，以及消費者的需求如何反過來改善了水果的種植方法。他認為「柳橙的生產和廣告陳述，重新配置了自然與文化之間的界線」，也促進了「自然文化的吻合」。加州水果種植者交易所在「塑造文化以創造出消費者需求」的同時，也重新塑造了柳橙的生物特性。[34]他們把柳橙塑造成天然、熟成又健康的水果代表，用顏色繽紛的柑橘廣告在文化概念的面向建構出了鮮豔的柳橙。於是，柳橙不但變成了行銷的目標，也變成了一種文化產物。

櫥窗展示與印有彩圖的條板箱標籤

　　櫥窗展示不但能讓城市中的居民真正看見色彩鮮豔的柳橙，也推動了柑橘類水果的銷售量（下頁圖5.1）。20世紀早期，雜貨商的行業雜誌（例如《先進雜貨商》〔*Progressive Grocer*〕）和商業手冊都強調，櫥窗展示的重要性不只在於

圖5.1　雜貨店櫥窗展示。資料來源：Theodor Horydczak, "California Sunkist Displays. Window Display at Sanitary Grocery Co. II" (ca. 1920–1950). Prints and Photographs Division, Library of Congress.

抓住消費者的目光，同時也能推動各種產品的銷售。[35]廣告代理商和雜貨商一致認為，在櫥窗擺放大量鮮豔的柳橙能創造出顏色方面的吸引力，並讓人產生「柳橙很多，因此價格可能很便宜」的印象。[36]尚·布希亞（Jean Baudrillard）對20世紀中期的百貨商店和櫥窗做了分析，他把這些看起來很豐富的食品和其他商品稱為「原始景觀」，能呈現出「營養和外觀的盛宴」並「刺激神奇的唾液」。20世紀早期，雜貨店的櫥窗展示規模遠比百貨公司的展示櫃還要小。但雜貨店櫥窗裡的鮮豔柳橙同樣展現出了「一種嶄新的、驚人的富足本質」。[37]對城市裡的消費者來說，這些柳橙是大自然的視覺

形象，是完美作物的豐饒象徵。

　　零售和行銷的各個面向都充滿了色彩鮮豔的圖像。承包商和批發商製作大量的彩色圖像當作條板箱標籤，呈現出蔬果的理想外觀。批發商和零售商的行銷決策和價格決策將會在最後影響到種植者的收入。種植者和包裝商在運送蔬果的木頭條板箱外貼上色彩繽紛的標籤，希望能在販售地點吸引交易商的目光（下頁圖5.2）。[38]最開始使用條板箱標籤的是1880年代中期的南加州包裝商。包裝商和供銷合作社聘請了平版印刷公司，為標籤製作彩色插圖。[39]雖然在拍賣結束後，條板箱標籤往往會跟著空的板條箱一起被丟棄，但由於有一些零售商會使用這些板條箱在商店中展示水果，所以消費者也有機會看到這些標籤。[40]1950年代中期，人們不再使用木製條板箱運輸，改為使用較便宜的紙板箱，條板箱標籤也因此消失了。[41]

　　條板箱標籤能用來辨識農產品等級，也會標示拍賣儲藏室的生產者和包裝商的名稱。標籤的背景顏色代表產品的等級：藍色代表A級，紅色代表B級，黃色和綠色代表C級。[42]在許多例子中，包裝商和平版印刷商會特別設計條板箱標籤，希望能讓農產品和名稱脫穎而出。根據顏色理論來說，藍色和橙色是互補色──也就是說，當這2種顏色彼此相鄰時，會產生最強的對比。在觀看者的眼中，當柳橙放在藍色的A級標籤上時，看起來比其他標籤上的柳橙更搶眼。在拍

圖5.2 圖中的買家在拍賣前檢查水果樣品。每個箱子的條板箱標籤上都標明了農產品的等級和種植位置。紐約市賓州鐵路終點站的拍賣儲藏室（約1920年代）。照片提供：國家檔案館，編號83-G-30877。

賣儲藏室中，堆疊了非常大量的條板箱，等級較高的標籤看起來比其他箱子的標籤更顯眼。**這些標籤體現了顏色好看的農產品和高等級之間的關聯。**

蔬果色彩的分級

聯邦政府和州政府建立的分級系統，能幫助生產者、商人和消費者對「天然」與「優良」的食品顏色產生標準化的

預期。**分級標準把蔬菜水果分成各種等級，定義農產品應該要擁有何種外觀**，這些等級包括「特級」「精選」和「美國第一」。自19世紀晚期以來，農業合作社的領導者就一直在提倡蔬果分級的重要性，他們指出分級能幫助種植者提供外觀一致又優質的農產品，[43]但一直到1910年代，聯邦政府和州政府才開始制定分級標準。最早設立的其中一個標準是1910年通過的緬因州蘋果品質標準。到了1917年，多數生產水果的州都已經制定了分級標準法規，規定了食品的顏色、大小和形狀，這些食品可以按照特定等級出售。[44]舉例來說，根據加州在1917年通過的《新鮮水果、堅果與蔬菜標準化法案》（Fresh Fruit, Nut, and Vegetable Standardization Act），柳橙的表皮至少必須有25%的黃色或橙色才能摘下來。[45]美國農業部在1917年為馬鈴薯分級制定了第一個聯邦標準，之後也陸續制定了其他蔬果的聯邦標準。[46]

蔬果的顏色會影響到零售批發的價格，而價格又是產品品質的指標。相較於綠色和淺黃色的柳橙，市場上的買家通常會願意為顏色更漂亮的柳橙每一盒多付40到50美分。[47]水果運輸商和貿易商都認為消費者會為顏色比較鮮豔的水果付更多錢。舉例來說，在1909年11月23日的紐約市場上，「顏色漂亮」的佛州柳橙售價每盒2美元，而「品質不佳的綠色」柳橙售價每盒1.25美元。[48]**較高的價格不只反映出人們對「令人滿意的顏色」的普遍看法，而且還有助於推動和強化「柳橙**

是一種亮橙色的水果」的觀念——但事實上，柳橙有時並不
是亮橙色的。

適應社會大眾對顏色的期待

　　農業種植者和行銷人員都在強調，鮮豔的顏色是優質蔬
果的標誌。但事實上，顏色不一定是實際成熟度或新鮮度的
可靠指標。舉例來說，有些品種的柳橙會因為氣候條件的影
響，使得果實在內部成熟時，果皮仍保持綠色。隨著這些柳
橙越來越成熟，果皮上的綠色會自然而然地消失，使得橙色
色素出現在果皮上。在秋季與冬季，晚上氣溫下降時，這種
變化會更加明顯。在佛羅里達州，柳橙的運輸季節是從9月下
旬與10月開始時，當時氣溫仍很高，所以柳橙的果實內部成
熟時，果皮仍能保持綠色。美國農業部在1923年針對阿拉巴
馬州的柑橘水果顏色提出報告（那裡的柑橘種植者遇到的顏
色問題與佛州相似），指出就算柳橙的食用品質已經達到標
準，水果內部也成熟了，整顆柳橙的果皮仍會保持綠色。若
等到這些柳橙在樹上轉變成鮮橙色再摘下來，它們很快就會
變得淡而無味，這代表這些柳橙過熟了，適合銷售的階段已
經結束了。[49]加州的柑橘種植者也遇到了顏色的問題，該州種
植的主要品種之一是瓦倫西亞柳橙（Valencia orange），如果
這種柳橙在初夏時留在樹上的話，有時會恢復成綠色。[50]但由

於氣候條件，加州柳橙的顏色看起來通常會比佛州柳橙更均勻，也更鮮豔。

由此可知，**環境和生物學方面的條件會使農產品呈現出許多生產者和消費者視為「不天然」的顏色。而真正在「天然」與「不天然」之間設立界線的，其實是經濟、社會和文化因素。**雖然佛州之所以會產生綠色果皮的成熟柳橙，是因為特殊的環境條件，但種植者和包裝商對「優良」柳橙的概念卻使綠色的柳橙變成了問題。東南亞和東亞某些地區出產的柳橙就像佛州一樣，在早秋成熟的柳橙外皮不會出現顏色變化。在這些地區，其中一種最常見的柳橙無論果皮是綠色還是橙色，都會直接拿去銷售，這種柳橙的果皮顏色取決於栽培時間──還有一些柳橙的果皮是否呈現綠色，則取決於品種和季節的差異。[51]在美國，尤其是在佛州，柑橘的種植者和營銷商都認為，無論季節與柳橙品種為何，只有顏色鮮豔且均勻的柳橙才適合銷售。

促使柑橘水果種植者把柳橙變成橙色的其中一個動機，是種植地區之間的商業競爭。從19世紀晚期到20世紀早期，佛州和加州一直都是美國最主要的兩大柳橙生產州，全美國有80%的柳橙都來自這2個地方。在1920和1930年代，佛州生產的柑橘水果占全國的38%，而加州的柑橘則占全國的54%。[52]佛州因為地理位置的關係，柳橙的銷售渠道相對局限在美國的東北地區：在1930年代中期，佛州有50%以上的柳橙都賣到了

紐約州、賓州和麻州。[53]隨著全美的柑橘水果消費量迅速成長
（1918年至1948年間，柑橘水果的消費量變成了2倍多），市
場擴張變成了佛州柑橘產業必須面對的關鍵問題。[54]

　　佛州的種植者和包裝商不覺得美國中西部到太平洋地區的
市場有利可圖。他們認為這些地區的消費者已經習慣顏色鮮豔
的加州柳橙了。[55]在芝加哥、底特律和克利夫蘭等中西部市場
中，把商品從佛州運輸過去的費用略低於從加州運輸過去的費
用。然而，儘管佛州在運費方面具有優勢，但這些城市中販售
的佛州柳橙大約只有30%，加州柳橙則占了將近70%。[56]

　　銷售柳橙時最大的問題是顏色，至少佛州的種植者是這
麼認為的。1926年，一位柑橘種植者指出，由於加州柳橙的
「外觀比較漂亮」，所以佛州的柳橙生產商必須「花更多心
思生產外觀鮮豔漂亮的柳橙」。他認為佛州柳橙雖然比較好
吃，卻因為顏色的關係，導致價格比加州柳橙低很多。[57]佛
州柑橘委員會（Florida Citrus Commission）的主席林恩・帕
克・柯克蘭（Lynn Parker Kirkland）也同樣指出，雖然佛州
因為「氣候潮溼溫暖，土壤鬆軟」，使得柳橙「如此美味多
汁」，但這樣的環境也同樣會在「一般銷售季節的多數時間
使柳橙的顏色變得淺淡」。[58]佛州柑橘交易所是佛州最大的
柑橘合作社，成立於1909年，佛州柑橘交易所的銷售經理主
管斯凱利（F. L. Skelly）認為，佛州的柳橙不能「和色彩鮮
豔的加州柳橙放在一起展示」。他覺得佛州生產的水果外觀

不佳，「對種植者來說絕對無利可圖」。[59]對於這些種植者和銷售人員來說，若想把柳橙銷售到全美各地，顏色就必定要鮮豔又統一。

佛州的柑橘產業普遍認為，加州水果交易所的宣傳是「推動了整個柑橘產業的擴大」。[60]柑橘產業的雜誌《佛州種植者雜誌》（*Florida Grower Magazine*）的編輯馬文・沃克（Marvin Walker）指出：「如今美國對柳橙的需求大多都是因為加州水果交易所宣傳而發展出來的。」[61]柳橙在社會大眾中越來越受歡迎，消費量也越來越高，佛州的柑橘產業因此受益。但是加州水果交易所的密集宣傳使得格外關注柳橙顏色的佛州種植者感到有些擔憂。佛州迪蘭市（DeLand）的前市長厄爾・布朗（Earl E. Brown）認為，加州柑橘生產商正在「教育美國大眾，購買柳橙時只要看外表就好，不需要考慮適口性、維生素含量、多汁程度、健康性等。」[62]這段敘述並不算完全正確，因為加州水果交易所確實宣傳了柳橙的健康益處，而且外觀並不是他們宣傳的唯一焦點。事實上，該交易所是最早在食品廣告中使用維生素C當作廣告詞的組織之一，當時「維生素」剛開始在美國成為家喻戶曉的詞語。[63]除了布朗的聲明之外，佛州的州政府機構、行業雜誌編輯、行銷人員和種植者也抱持相同的觀點。這些看法反映出佛州對加州水果的強烈競爭意識，也反映出他們認為柳橙的顏色鮮豔與否，對佛州來說是至關重要的政經問題。

為了對抗加州柳橙，佛州柑橘產業不再強調柳橙的外觀，改為強調在判斷水果品質時，顏色並不是唯一指標，甚至也算不上是重要指標。沃克在1936年的佛州園藝學會（Florida State Horticultural Society）的會議上引進了一套新標準。他說，在對抗加州柳橙時，佛州柳橙產業能提出的「最佳銷售論點」就是佛州柳橙的果實更加多汁。[64]佛州柑橘委員會的廣告在同一年刊登在《紐約時報雜誌》（New York Times Magazine）上：「買葡萄柚和橙子時，不要看外表……要靠感覺。」廣告的照片是一名女人在2隻手上各拿了1顆柳橙，廣告詞則指出佛州柳橙的果汁含量比其他地方的柳橙「多出四分之一」，因此佛州柳橙比較重。廣告建議消費者，若想購買「多汁」又「新鮮」的水果，就應該用手感覺，而不是用眼睛觀察。[65]

沃克也堅持，他們應該在柳橙廣告中強調「佛州」一詞的重要性——這是以地理位置當作銷售基礎的早期案例。他想要把「佛州」變成一種品牌名稱，代表柳橙新鮮多汁的形象。沃克認為，因為「佛州」這個詞「既容易記住又好唸」，所以能在推廣柳橙時把這個詞當成一種高效率的工具。[66]他們的區域行銷策略是告訴消費者，在判斷水果的食用品質時，地名比視覺資訊更可靠。[67]

佛州柑橘產業也會使用彩色圖片來告訴消費者，鮮豔且一致的顏色並不一定代表水果很美味。20世紀早期，佛州柑

橘交易所委託著名的家政學家克莉絲汀・佛德瑞克
（Christine Frederick）寫了一本食譜宣傳手冊，宣傳佛州的
西歐德甜橙公司（Seald Sweet）出產的柳橙。佛德瑞克曾為
許多女性雜誌撰寫過無數文章，並於1929年出版了《賣給消
費者太太》（*Selling Mrs. Consumer*）。佛德瑞克指出，柳橙
的果皮顏色「不會透露任何資訊」，而「西歐德甜橙公司」
這個品牌名稱則「代表了一切你該知道的資訊」。這本宣傳
手冊裡的彩色圖片中不但有色彩鮮豔的柳橙，也有些水果的
果皮上面有灰色瑕疵。這本宣傳手冊直觀地指出，無論佛州
柳橙的外觀如何，它們全都是高品質的柳橙。[68]1925年，在
《女性家庭雜誌》的西歐德甜橙公司廣告中，也一樣刊登了
偏灰綠色的柳橙和葡萄柚。這則廣告指出：「只要是佛州柳
橙，無論是亮橙色、金黃色還是赤褐色，都同樣多汁可
口。」[69]佛州的柑橘廣告商努力淡化柳橙外表的重要性，這
反映出佛州的種植者和包裝商極為重視的兩件事，一是他們
和加州柳橙之間的激烈競爭，二是消費者在亮橙色和食品品
質之間建立的連結。

創造出「天然」顏色

在創造「天然」的蔬果顏色時，其中一個重要步驟是操
縱天然熟成的過程。蔬果從未成熟轉變為成熟時，顏色會出

現改變。從19世紀晚期開始，運輸和儲存方面的冷藏技術逐漸發展起來，幫助了種植者和包裝商在長途運送新鮮農產品時，延緩產品開始變質的時間。為了有效地運送易腐損的農商品，農業種植者、包裝商和貿易商還會控制收穫季節和植物生長。他們通常會在農產品還是綠色的時候就收成，把產品儲存在冰箱中。包裝商和批發商在把農產品運送到市場之前，會把產品催熟，加強顏色變化。[70]

在1920年代初期之前，煤油燈和燃氣爐的燃燒氣體是促進蔬果熟成的主要手段。1923年，美國農業部的科學家法蘭克・丹尼（Frank E. Denny）確定了使蔬果熟成的化學元素，是油燈和燃氣爐在燃燒的過程中產生的乙烯氣體。他在柑橘水果儲藏室中釋放少量的純乙烯後，水果很快就轉變成橙色。[71]在1920和1930年代，廠商普遍開始使用乙烯把柳橙變成橙色、把蘋果變成紅色、把香蕉變成黃色並把番茄變成紅色。[72]特別值得一提的是，香蕉不會在樹上變黃（也就是變成熟）。香蕉會在被摘下來的過程中受到刺激，釋放乙烯，促進了熟成過程。[73]這些綠色香蕉可以靠著冷藏運輸保持未成熟的狀態，直到抵達拍賣地點或市場附近的儲藏室為止。[74]接著，水果批發商會把一串串香蕉掛在「熟成室」中，直到香蕉變成黃綠色再運往零售商店（下頁圖5.3）。

相較於使用燃氣爐和煤油燈使蔬果出現顏色的舊方法，乙烯有許多優點。新方法不需要長時間加熱，能避免水果因

圖5.3　密蘇里州春田市（Springfield）的香蕉熟成室。工作人員用繩子把香蕉掛在房間裡，直到達到理想的熟成階段。滾輪架的用途是在火車車廂和熟成室之間移動香蕉（約拍攝於1935年）。海格雷博物館（Hagley Museum and Library），查爾斯・馬貢（Charles E. Magoon）的農產品銷售系列。

此乾掉。瓦斯和煤油製造的煙容易會把果皮燻黑，使水果染上不討喜的氣味。此外，使用煤油燈和燃氣爐也有風險會導致儲藏室和火車車廂失火。[75]使用乙烯處理水果則能使整個火車車廂的水果都均勻成熟，在這之後，他們幾乎不需要任

何人力把受損或綠色的水果挑出來。[76]

　　不過乙烯並不是完美的解決方案。如果種植者過早採收蔬果的話，就算使用乙烯也沒辦法使這些農產品好好成熟或者獲得正確的顏色。如果番茄不夠成熟的話，就算把乙烯倒在番茄上，最後獲得的顏色也不會好看。未成熟的柿子沒辦法形成消費者想要的顏色和味道，未成熟的酪梨則會在經過乙烯處理後，呈現「不自然」的黃銅色。[77]因此，農業種植者會把農產品留在植株上，等到農產品達到所謂的「綠熟」（green-mature）階段。這個階段的農產品仍是綠色的，不適合食用，但已經成熟到可以在乙烯的處理下變成熟。乙烯能幫助農產品完全變色、增加糖含量、降低酸度，並改善整體的口感和味道。[78]

　　由於消費者認為顏色鮮豔且一致的蔬果擁有美味多汁的口感，所以農業種植者和包裝商都傾向於優先考慮農產品的外觀，而不是真正的味道。在1920和1930年代進行的幾項研究顯示，乙烯催熟的農產品不會擁有自然成熟的完整味道。雖然有一些科學家認為，用乙烯催熟的農產品和那些在植株上成熟的農產品擁有相同的品質，但也有一些科學家堅稱，人工催熟的蔬菜水果含糖量，通常會低於在植物上成熟的蔬菜水果。[79]1925年，一篇針對番茄的研究指出，相較於在植株上成熟的番茄，用乙烯催熟的「綠熟」番茄會保持比較硬的質地更長一段時間。[80]雖然偏硬的番茄適合運輸，但這種

番茄的口味和口感都不同於在植株上成熟的番茄。鮮豔且一致的外觀、便於運輸的硬度和更長的儲存時間，這3個重點變成了農業生產商和零售商在大規模生產蔬果，並把產品運輸到全美各地時最關注的焦點。

　　柑橘產業是1920年代最早開始廣泛使用乙烯的農業產業之一。業者把柑橘遇到乙烯後變鮮豔的過程稱為發汗（sweating）或催色（degreen）。水果被送到包裝廠時，他們會把一箱箱柳橙堆放在「發汗室」，房間裡的溫度約為攝氏29°C，溼度約為85%，這些柳橙會放在那裡41至48個小時。[81]房間中的熱度、溼度和乙烯會使果皮上的綠色逐漸消退，顯露出黃色和橙色色素，加快變色的過程。[82]在1931年至1932年的產季，佛州約有三分之二的包裝廠使用了乙烯，其餘包裝廠大多則仍在使用煤油。[83]加州大約有將近一半的柳橙都在裝運之前用乙烯處理過。[84]

加色步驟

　　雖然乙烯提供了相對令人滿意的結果，但有時就連乙烯也沒辦法把柳橙變成最適當的成熟顏色。通風不良和高溫也容易導致柳橙快速腐爛。[85]1933年，明尼蘇達大學（University of Minnesota）的植物生理學家羅德尼・哈維（Rodney B. Harvey）和佛州的一位果園所有者法蘭克・謝爾（Frank R. Schell）找到了取代乙烯的方法，用合成染料把柳橙的顏色變

鮮豔，並為這種方法申請了專利。[86]哈維和謝爾把他們的專利賣給了食品機械企業（Food Machinery Corporation），一間總部位於加州聖荷西市的農業設備製造商。

這個專利方法被稱為加色步驟（color-add），也稱作哈維步驟（Harvey）。柳橙會被浸入調色溶液中大約5分鐘，接著用純水洗淨、乾燥、拋光、分級並包裝。[87]相較於需要花上整整2、3天的乙烯，加色步驟花的時間少得多。減少柳橙的加熱時間，也就等於降低了腐爛的機率，能使柳橙「在經銷商和消費者的手中保持新鮮更長一段時間」。每箱柳橙需要花費的支出大致上是相同的：加色步驟的支出是每箱3.5美分，乙烯發汗的支出則是3.3美分。[88]加色步驟能以同樣的支出和更短的處理時間帶來更令人滿意的結果，因此對於許多柳橙種植者和包裝商來說，加色是個理想的解決方案。

然而對聯邦政府來說，調整顏色並不在他們的優先考慮範圍內。當食品機械企業的總裁約翰‧克拉米（John Crummey）通知食品藥物管理局，他們打算在1933年運送調色過的柳橙作為測試，食品藥物管理局的助理專員保羅‧鄧巴（Paul Dunbar）回答說，政府「不喜歡在天然食物上使用人工色素。」鄧巴接著又補充說，加色步驟「不會提高佛州水果的良好聲譽。」不過他也很清楚，由於公司拿去進行加色處理的柳橙已經成熟了，所以加色步驟不算是在掩飾農產品的未成熟或劣質之處，因此政府不能根據現行聯邦法律禁

止這種做法。[89]食品藥物管理局局長華特‧康培爾（Walter G. Campbell）同樣指出，替「完全自然成熟的水果」調整顏色不算是摻假。[90]此外，食品機械企業為柳橙上色時使用的是經過美國農業部認證的食用色素。

儘管聯邦政府的回答並不樂觀，但第一批調色過的柳橙還是在1934年4月從佛州運到了紐約市。還有些調色柳橙被送到了美國北部的城市。到1934年5月，食品機械企業已經分別在加州和佛州的工廠使用加色步驟了。[91]該公司在對柑橘包裝商推廣柳橙調色設備時，強調了加色步驟的效率：加色不但能「製作出更有吸引力的顏色」，還能使處理時間大幅減少。[92]有一些農業合作社用特定的品牌名稱來廣告這些調色柳橙，宣稱它們的品質比一般柳橙更好。舉例來說，聖地亞哥柳橙種植者交易所（San Diego Orange Growers Exchange）在販售出售調色柳橙時，使用的是「美食家」（Epicure）這個品牌名稱。[93]除了加州和佛州之外，德州的多個柑橘合作社也紛紛仿效。[94]

柑橘產業和政府科學家都堅信廠商在銷售柳橙和其他蔬果時，顏色是非常關鍵的因素。查爾斯‧康曼德（Charles C. Commander）是佛州最大的柑橘合作社佛州柑橘交易所（FCE）的主管，他說除非他們能「為完全成熟的綠柳橙找到市場」，否則絕不可能銷售綠色柳橙。[95]1930年代中期，佛州柑橘委員會的主席林恩‧帕克‧柯克蘭在指出調色的必

要性時說道：「調色對柳橙的銷售影響甚鉅，由此可知，許多作物都應該要先進行人工調色，才能在銷售時為種植者帶來收益。」[96]

　　政府官員也贊成這些產業領袖的觀點。農業經濟處（Bureau of Agricultural Economics）的農業專員保羅・尼胡斯（Paul O. Nyhus）在1932年的《美國農業部年鑑》（*USDA Yearbook*）中指出說：「水果還在樹上時，水果的顏色和口味與成熟度之間沒有明確的關聯。」但是，「**在市場上，水果的顏色與收益之間具有非常顯著的關聯。**」尼胡斯下的結論是，柑橘水果生產商「一直以來都必須處理的其中一個問題，是如何使成熟水果的顏色與味道相符。」[97]美國農業部的一位科學家認為，由於消費者「傾向用水果的外觀來判斷品質」，所以「若柳橙、香蕉和桃子的顏色漂亮又容易吸引目光，就會比沒那麼好看的同品項水果賣得更好，就算後者的品質相同甚至品質更好也一樣。」[98]這種顏色問題之所以會出現，不只是因為天然多樣性和生物條件使得柳橙有不同的顏色，也因為種植者、包裝商、政府官員和科學家都對水果的顏色抱持著強烈的期望。**在大眾市場中，光是用鮮豔的顏色刺激消費者的食欲是不夠的，農產品必須具有特定的顏色，才能「符合」正確的食用品質。**

種植者的反饋

不過，並不是所有柑橘產業都願意接受人工調色的柳橙。食品機械企業把加色步驟引進加州後不久，加州水果交易所、其他柑橘合作社與州政府農業專員紛紛開始批評加色是在欺騙消費者，是一種食品摻假。他們聲稱加州的水果只要使用乙烯就能獲得令人滿意的結果。[99]加州水果交易所的主管指出，「在柳橙的果皮中添加食用色素」與「用乙烯加速柳橙本身的顏色改變」的區別非常明顯。[100]許多柳橙種植者認為，即使綠色柳橙已經完全成熟了，也一樣沒辦法銷售。但反對調色柑橘的人則認為，就算是對於注重效率的農業生產與行銷來說，使用調色也是不合理的。

在加州種植者和包裝商的反對聲浪之下，食品機械企業把柑橘調色業務的主要銷售地點轉移到了佛州。[101]儘管佛州也有一些種植者反對調色柳橙，但在1930年代中期，有越來越多包裝商安裝了柑橘染色設備。[102]到了1940年代，加色已經變成了佛州普遍使用的技術。在1946年至1947年的產季，佛州銷售到其他州的3,000萬箱新鮮柳橙中，有2,100萬箱柳橙都是用合成色素調整過顏色的。[103]

佛州和加州對調色柑橘之所以會抱持不同的態度，有部分原因在於兩州之間競爭激烈，以及佛州種植者彼此之間也同樣激烈的競爭。加州種植者比佛州的種植者更有組織。加

州的種植者大多都隸屬於加州水果交易所，到了1930年，加州有超過80%的柑橘種植者都加入了該交易所。在1927年至1939年間，該交易所銷售的柑橘占了所有加州柑橘的四分之三以上。[104]另一方面，佛州的種植者和包裝商之間的從屬關係則比較多樣化，其中有許多人根本不屬於任何組織。他們依靠的通常是獨立的貨運商，而不是大型的合作組織或包裝廠。[105]佛州柑橘交易所從來沒有把佛州的多數柳橙貨運商納入掌控中。1910年代，該交易所銷售的柳橙占了佛州柳橙的40%；到了1940年代，佛州柑橘交易所經手的柳橙大約只占佛柳橙的20%。[106]1930年代早期，該交易所的主管感嘆說，佛州沒有任何組織「曾從種植者那裡獲得足夠授權，並制定適當的法律或執行嚴格的法規。」[107]在缺乏強大聯合組織的狀況下，個體種植者的多樣化利益有時會阻礙他們相互合作。

　　第二個原因是加州水果交易所憑藉著環境條件和柑橘種植模式，能更有效地聯合加州的種植者。加州的夜晚溫度相對較低，柳橙可以在樹上多放2到3個月，因此，加州水果交易所能為種植者分配收穫比例，讓每位種植者每次都只摘下一部分的作物。由於分配收穫比例能讓每位種植者從產季的開始到結束都持續賣出農產品，所以種植者不會因為短時間的價格變動而獲得許多收益或遭受重大損失。相較之下，佛州則因為氣候條件的關係，不能讓柳橙在樹上停留太久，必須迅速採收才能避免柳橙掉落和變質。佛州的農產品和加州

不同，佛州的種植者沒辦法把採收的時間延長到整個產季那麼長，因此無法把種植者的販售價格均分到不同日期的不同賣價中。[108]佛州的種植者不只要和加州的柑橘產業競爭，也要和佛州內部的其他種植者競爭。

　　第三個原因是佛州和加州的柑橘品種差異，加劇了2個州之間的競爭。加州主要生產的是2個不會相互爭搶市場的品種：冬季的臍橙，產季從10月到6月；和夏季的瓦倫西亞柳橙，產季是5月到10月。在佛州，至少有5個品種都是在10月至4月間成熟的。因此，佛州的柳橙在冬季的市場上不但得加州的臍橙競爭，也要和其他品種的佛州柳橙較量，而加州的瓦倫西亞柳橙在初夏至仲夏期間，通常不需要和任何柳橙直接競爭。[109]

　　此外，由於加州的成長條件對柳橙來說既有利又穩定，所以加州柳橙的品質一直很好。佛州柳橙的品質則會因為種植地點出現很大的差異。加州的柳橙生產地點大部分（約97%）都集中在洛杉磯周圍90英里半徑範圍內，這個區域的氣候和土壤品質比較相似。佛州的柳橙生產地點則分布廣泛，這些地方的土壤、排水系統和天氣條件各不相同。因此，佛州種植的柑橘在品質、外型、抗霜凍能力和抗風害能力都有很大的差異，這使得佛州的種植者很難銷售品質一致的優良柳橙。[110]

　　由於佛州種植者的組織化程度較低，他們在面對來自加

州柑橘產業和佛州同行的激烈競爭時，轉而開始使用合成色素，以更方便也更經濟的方法使柑橘的顏色更鮮豔。加色步驟的支持者認為，調整柳橙的顏色並不只是他們「想做的事」，而是「當務之急」。[111]他們認為加色可以使柳橙的顏色變得更一致，藉此提高柳橙的可銷售性，進而有效解決農民收入過低、生產過剩和銷售不佳的問題。[112]利用人工的方法創造出更「天然」的食品外觀，是農民面對環境和經濟困難時的一種應對方式。

推動「天然」

到了1940年代，加色步驟在佛州變得越來越普遍，儘管如此，還是有一些農業生產者、政府官員、科學家和消費者開始質疑在食品（尤其是新鮮食品）上使用合成色素的安全性與合法性。反對使用色素為水果調色的人批評這種做法很「人工」，但與此同時，這些反對者中鮮少有人會質疑使用乙烯改變蔬果顏色的做法，他們認為這種做法比較「天然」。儘管有些柑橘種植者堅稱，使用乙烯會讓柳橙的食用品質下降，但反對使用色素的人仍普遍認為，若想維持農產品的品質一致與銷售效率，就必須使用乙烯。[113]然而，「天然」與「人工」之間的區別其實並不明確。無論是使用合成色素還是乙烯，都需要人類插手才能加強這些食品的「天

然」顏色。

　　1934年3月，也就是佛州的加色柳橙即將運往美國北部市場的前一個月，美國農業部指派了柑橘調色委員會（Committee on Citrus Coloring）負責調查這種做法的安全性。[114]多數委員會成員都反對這種替柑橘調色的做法，同時又聲稱使用乙烯是合法的。植物產業處的副處長佛德瑞克・利奇（Frederick D. Richey）指出，乙烯只是使水果顯露出「本來就存在水果中的獨特顏色」。利奇說乙烯造成的反應和大自然中的反應「非常相似」，只不過這種反應「在大自然中發生得比較慢」而已。[115]美國農業部的其他科學家也同意乙烯只是在推動「天然」的過程罷了，他們說用乙烯處理柳橙的步驟不該稱為「調色」，這是因為「調色」一詞會帶給人「試圖掩蓋劣等品質的錯誤印象」。他們指出，乙烯「只是刺激了天然過程」而已，只會「使顏色改變」，不會額外添加顏色。[116]

　　儘管如此，美國農業部仍在1934年7月允許了加色的步驟，但條件是那些用合成色素調整過顏色的柳橙，必須在果皮上添加「加色」的字樣。此外，佛州政府也規定加色的柳橙必須符合較高的成熟標準，比未調色的柳橙適用的聯邦標準更高，藉此防止種植者和包裝商使用加色來掩蓋未成熟的狀態。所有即將運出佛州的水果都必須先接受州政府的檢查才能運出去。[117]

　　添加標誌的要求反映出政府官員和科學家對天然與人工的理解，也反映出企業對於行銷程度高的商品抱持的興趣。美國農業部沒有要求柑橘包裝商在標籤或果皮上註明使用乙烯，這是因為聯邦政府並不認為使用乙烯是「人工」加工。佛州有幾位種植者沮喪地提到了奶油的調色，並指出他們應和「做奶油的人」擁有相同的權利。[118]在酪農業中，替奶油調色是很普遍的做法，並不是特殊例外。州政府和聯邦政府之所以會允許酪農業在無須標明的狀況下用合成色素替奶油調色，有部分原因在於酪農業的遊說者很強大。在政府開始監管食品調色後，對食品業來說，創造並行銷「天然」顏色的關鍵，便落在如何行使政治權力，以及要行使到何種程度。「添加調色」的標示是政商談判的產物，有助於雙方定義「控制食品顏色」的人工特性。

　　為了宣傳食品調色的安全性，佛州合作社分發傳單向社會大眾解釋，用來調整柳橙顏色的色素不會危害消費者的健康和水果的品質。[119]威弗里種植者合作社（Waverly Growers Cooperative）印製了雙色的標語，貼在調色柳橙的箱子上：

　　　　我們在「加色」過程中使用在柳橙上的色素是完全無害的，州政府與聯邦政府已經認證了加色的過程不會對健康造成任何危害。加色是一種品質保證。

　　　　依照佛州的法律和嚴格的檢驗規定，印有「加色」

的柳橙必須符合非常高的成熟標準與果汁含量標準，比其他州政府和聯邦政府為其他柳橙制定的標準還要更嚴格。[120]

佛州的種植者和包裝商強調加色柳橙的高品質標準與柳橙調色的安全性，是希望能讓消費者認為「加色」標誌就等於柳橙具有極佳的成熟度。[121]

但他們很快就意識到，許多消費者根本不想購買調色的柳橙，而且「加色」的標誌會使柳橙的銷售量下跌。佛州園藝學會的一位成員收到許多家庭主婦來信抱怨經過加色處理的柳橙。田納西州諾克斯維市的一位女性在她寄來的信中，附上了一片柳橙果皮，上面有加色的標誌：「既然你們這些佛羅里達人已經變成這種淘金客了，那麼從今以後，只要我能找到加州的柳橙，我就不會買你們的柳橙。你們幹嘛這樣亂搞這些可愛的柳橙啊？」[122]另一位女性原本打算製作帶有果皮的果醬，但她在「鮮豔得令人難以置信的柳橙」果皮上發現了加色標誌，之後她因為擔心用色素調色的柳橙果皮可能對健康有害，便放棄製作果醬。[123]

有些人認為廠商只要使用加色，就等於是在欺騙消費者，他們堅信無論柳橙的內部品質如何，只要果皮是綠色的，柳橙就尚未成熟。《紐約先驅論壇報》（*New York Herald Tribune*）在1940年刊登了一篇文章，指出調色柳橙使

用的色素是無害的，所以消費者不應「避開那些標示了『加色』的柳橙」。[124]一位女性寄了一封信給這家報社，表達了她對加色是否合法感到懷疑：「色素本身或許無害，但這種做法是在愚弄消費者。柳橙必須在樹上徹底變成橘黃色再摘下來，才能被稱作成熟的柳橙。而且，大自然會在柳橙逐漸成熟的最後階段，把許多重要的元素放入果實裡，如此一來，柳橙才能在食物的系統中保持它應有的地位。」[125]佛州寄來的另一封信則指出：「只要是有點常識的佛州人，只要是了解樹上自然成熟的甜美水果有多棒的佛州人，就絕對不會想買那些經過閹割的柳橙或葡萄柚。如果北方人知道在佛州樹上自然成熟的水果有多好的話，他們絕對不會想要和『加色』柳橙扯上任何關係。」[126]種植者和包裝商原本希望「加色」能代表品質優秀的代名詞，但事實卻正好相反。多數消費者對加色標示反感，還有些消費者根本不知道「加色」的實際意義。[127]

　　佛州內部也同樣出現了批評的聲浪。有些種植者和包裝商認為，加色是大規模的農業生產帶來的有害影響，是一種在介入天然的成熟過程。1948年，在美國參議院針對柳橙調色舉辦的聽證會上，一位從早期開始使用柳橙調色設備的農業種植者宣布，他認為加色其實就是在欺騙消費者。他堅決地表示佛州的種植者「在處理柳橙時應該回過頭去使用舊方法，而不是用這麼多機械工程步驟來處理柳橙」。[128]一位來

自佛州的「小規模水果種植者」也指出：「干涉自然是不對
的。如果我在做的事是原本應該由大自然來做的事，那我就
是在犯下嚴重的錯誤。」[129]

　　對於反對合成色素的人來說，調整農產品的顏色會使天
然和人工之間的界線變得模糊，也會使「天然」產品和加工
食品之間的分野變得無法分辨，這是許多美國人不願意跨過
去的界限，至少在概念上是如此。自20世紀早期以來，農業
生產就已經高度工業化了。正如科技史教授黛博拉・費茲傑
羅（Deborah Fitzgerald）所觀察到的：「每座農場都已經變
成了工廠。」工廠系統背後的原則是「科學、技術與理性主
義精神」，最具代表性的就是福特主義（Fordism）[①]，如今
工廠系統也滲入了美國的農場中。農場已經引入了許多種
「高效率」工業方法，例如化肥、農業機器和輸送帶設備，
柑橘調色只是其中之一而已。隨著越來越多農產品在生產、
運輸和行銷方面涉及機械化的過程，流行媒體也常會出現象
徵「天然富饒」的彩色蔬果圖片。打從彩色圖片出現開始，
廣告就在教消費者「天然」應該是什麼樣子。

---

① 編註：指涉以市場為導向、分工和專業化為基礎，透過較低產品價格作為競爭手
　　段的生產模式。

「天然」與「人工」的界定

　　種植者、貿易商、政府官員、科學家和廣告商在經歷了一段學習過程後，才成功創造出「天然」的食物顏色，接著他們反過來教導消費者從他們的視角看待食物。種植者與貿易商因為運輸技術、環境因子和農產品生物條件的限制，往往會推銷特定品種和顏色的產品，這使得許多消費者開始把這些農產品的外觀視為「天然」的顏色。政府分級系統幫助業界把特定顏色定義為食物的天然顏色，將之顏色標準化，並維持這種標準，教導種植者理解顏色的商業價值。消費者會依照市場上的食品供應穩定性、零售價格和企業的行銷方式，去理解他們在購買食品時應該選擇哪種顏色的農產品。在企業和政府力量的引導下，消費者的預期反過來再次影響了種植者和包裝商收穫農產品的方式，也影響了批發商和零售商銷售食品的方式。農業生產者為了讓農產品有「正確」的顏色而控制外觀，他們相信顏色「不天然」的食物就算擁有再好的食用品質，美國市場也不會買單，綠色柳橙就是一例。

　　在20世紀的頭數十年，合成色素的使用量增加，食品技術也發展得更完善，社會大眾對於「天然」和「人工」的定義逐漸變成了政治協商中常見的主題，互相競爭的企業也開始利用這種定義進行推拉式行銷。食品調色的使用和法規因

而製造出了一個問題：誰有權利能決定「天然」的定義。聯邦政府和州政府利用他們的監管權力來核可食品的「正確」顏色。行銷人員和家政顧問幫助企業定義、合理化與自然化食物在廣告和食譜中應有的外觀。我們應該接受「人工」到何種程度？「天然」又代表了什麼意義？這2個問題的答案取決於生產商的經濟利益、政府官員對食品安全和公眾健康的理解，以及消費者對新鮮完美的預期。種植者、廣告商和立法者在創造食品的顏色時，同時受到文化期望、商業利益、法規和環境條件的影響。

　　「視覺線索」和「對口味的期望」正是在這個時候彼此脫鉤了。隨著人類逐漸消除季節的變化、統一食品的顏色，並把食品從生產地點運送到更遙遠的地方，食品的顏色和味道也分道揚鑣了。20世紀早期，化學公司發明出新的技術與控制能力，使生產者可以賦予食品「天然」的顏色，因此農業生產者和化學公司之間的關係變得越來越密切。農業生產者可以使用合成色素來控制農產品的物理特性，就好像蔬果的顏色變成了一種可以人為形塑的食物外部特徵一樣。看似天然的食品外觀其實是由「不天然」的手法創造出來的，與此同時，這種「不天然」的手法也掩蓋了人為控制的痕跡。因此，生產者和消費者對環境造成的衝擊有時並不明顯。

第六章

天然，新鮮，假食物

Fake Food

隨著時間的推移，「以假為真」變成了新的理想。因此，「真的」看起來就必須像是「假的」。1870至1930年代，食品加工業逐漸興起，原本是替代品或仿製品的食物為原始的產品，重新設置了理想顏色的標準。本章將會利用人造奶油和罐頭食品探討這個矛盾的過程，同時也會提到其他較早出現的商業加工食品。安．維利西斯（Ann Vileisis）讓我們看見，工廠加工食品的引入如何使我們的感官「變性」（denature），其中最值得注意的就是人造奶油和罐頭食品。城市中的消費者距離食品生產地點越來越遠，他們遠離了曾經熟悉的食品採購和食品製備。[1]人造奶油和罐頭食品提供了兩個不同案例，讓我們了解替代品是如何在最後決定了原始產品的天然顏色，使消費者的視覺和飲食體驗出現轉變。在人造奶油的案例中，發展出這種轉變的關鍵因素是競爭和法規；在罐頭食品的案例中，較重要的關鍵因素則是科技發展和密集行銷。

　　人類自從進入狩獵和採集的時代以來，就一直是以食物的顏色當作衡量品質的標準。我們的祖先獲得了食物應該擁有何種外觀的知識後，就能依據季節和地區的差異，判斷植物的成熟度，避開不適合食用的食物。從19世紀晚期開始，我們不再像以前一樣基於大自然的規則判斷食品應有的顏色，而是在密集食品行銷、食品技術的創新以及政府法規的影響下，設立了全新的顏色標準。人造奶油製造商想要複製

天然奶油的顏色，罐頭製造商則想複製新鮮的蔬果和魚的顏色，兩者都在展示產品時說這是「絕對天然」的食品。最後，這些工廠製造出來的「仿製」食品設下了新的顏色標準，改變了農產品的製造方式和行銷方法。

定義天然的黃色

對食物加工廠來說，就算姑且不論技術進步上的需求，製作農產品的替代品仍是非常巨大的挑戰，我們接下來會以人造奶油製造商做為例子。奶油製造商很早就發現顏色管理在行銷策略中非常重要，能帶來商業上的優勢。1870年代早期，人造奶油以「奶油的廉價替代品」的角色進入市場後，顏色對酪農業來說變得更加重要了。人造奶油製造商和天然奶油製造商都認為，由於消費者期待天然奶油的顏色是金黃色的，所以他們會希望奶油的替代品也是黃色的。他們利用奶油的顏色來保護和增加自己的既得利益。州政府和聯邦政府制定的人造奶油生產規範對業界來說十分友善，有一部分的原因在於酪農業的影響力，這樣的法規最後也定義了人造奶油的「天然」顏色。人造奶油製造商持續反抗酪農業的利益團體，使用新的製造技術為產品創造出類似天然奶油的顏色，並利用法規對人造奶油顏色的定義。

歐洲為了緩解奶油短缺的問題，曾有好幾個世紀都在銷售

與食用奶油的替代品，這種替代品是用脫脂牛奶和融化的牛肉脂肪製成的。[2]但當時奶油替代品的銷售量仍然很低，一直到19世紀晚期，法國化學家伊波利特・米格－穆列斯（Hippolyte Mège-Mouriès）研發出了一種製造方法，推動了奶油替代品的商業化生產，他把這種替代品稱作「人造奶油」（artificial butter）。他使用從牛腰部抽出的板油（suet）代替乳脂，做為主要成分，以降低生產成本。他會低溫加熱牛油（溫度低於攝氏40°C），再把牛奶加進牛油中進行攪乳（churning），使這種人造奶油的味道貼近天然奶油。[3]製作過程的最後一個步驟，是在人造奶油中添加一些「天然奶油的黃色」。[4]1869年，米格－穆列斯在法國和英國都申請了製作人造奶油的專利。[5]1870年代早期，奶油商人安東・尤爾根斯（Antoon Jurgens）和他的好幾名兒子開始實驗米格－穆列斯的方法來生產人造奶油（後來尤爾根斯的公司和其他公司合併，在1930年創建了聯合利華公司〔Unilever〕），使人造奶油的商業化生產模式迅速括及至鄰近國家。[6]

　　1873年，米格－穆列斯在美國取得了人造奶油的專利，於是美國也開始製造人造奶油。[7]到了1880年代中期，美國境內至少有80座人造奶油製造工廠。[8]由於當時人造奶油的主要成分是牛板油（肉品加工的副產品），因此亞莫爾公司和史維大特公司等人型肉品加工商很適合進軍人造奶油產業。到了1930年，這些肉品加工商生產的人造奶油占了全國人造奶

油產量的三分之一左右。他們也會把板油賣給美國和歐洲那些並非肉品加工商的人造奶油製造商。[9]

當時人造奶油的味道通常和奶油不一樣，而且質地往往都太硬又太易碎了。[10]不過人造奶油的顏色，能讓消費者（尤其是經濟地位較低的消費者）獲得類似天然奶油的視覺感受。人造奶油的主要消費者是買不起天然奶油的顧客，因此人造奶油又被稱為「窮人的奶油」。當時購買這種廉價替代品的不只是城市的勞工，連生產天然奶油的酪農業者也會因為經濟條件的限制而購買人造奶油。對於貧窮的酪農業者來說，天然奶油是他們販賣的產品，人造奶油才是他們吃得起的食物。[11]

天然奶油是農場用「傳統」方式生產出來的產品。[12]因此人造奶油製造商在他們的銷售用語中強調，人造奶油的品質比天然奶油更好，史維夫特公司在廣告中聲稱，在人造奶油的製造過程中，產品從來都沒有被人「用手觸摸過」，每一個步驟都是由機械在乾淨又衛生的地點完成。[13]另一家製造商甚至表示，文明使自然「更加完美」，沒有任何產品能比人造奶油更天然：「全世界都欣喜若狂，大自然的無限資源『經過了人類的畫龍點睛之筆』便能用之不竭，無論貧富都能以較低的價格購得奢侈品。」[14]相較於「舊的」天然奶油，人造奶油是現代科學進步的代表產物。

儘管有這些行銷活動，但美國人造奶油的消費量還是一

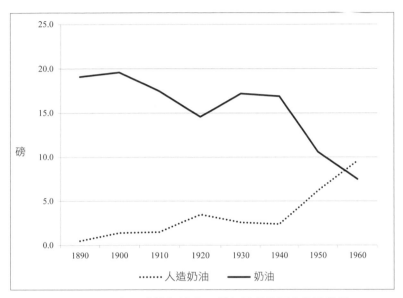

圖6.1 1890年至1960年，人造奶油和天然奶油的美國人均消費量。
資料來源：Ruth Dupré, "'If It's Yellow, It Must Be Butter': Margarine Regulation in North America since 1886," Journal of Economic History 59, no. 2 (June 1999): 353–371.

直到1957年才超過天然奶油（圖6.1）。相較之下，在歐洲的人造奶油主要生產國（尤其是在荷蘭、德國和丹麥），人造奶油的消費量是在1900年時達到或超過了天然奶油的消費量。以丹麥為例，在1900年，人均人造奶油消費量大約是17磅，人均天然奶油消費量則大約是15磅；到了1914年，前者上升到了33磅，後者上升到了12磅。[15]美國的天然奶油生產商拒絕引入人造奶油，他們認為這麼做會增加競爭力，也會

使酪農業農產品的價格下降。[16]事實上，在20世紀初的美國
市場上，每磅人造奶油通常比奶油便宜10到20美分。[17]美國
是在內戰後農業經濟出現大幅變化時，才引進了人造奶油。
由於工業機械的發展、養殖制度的轉變和市場的擴張，酪農
業和其他農業的生產量迅速增加，導致生產過剩，價格也出
現下滑。[18]

人造奶油相關規範的制定

正是因為人造奶油的顏色和天然奶油一模一樣，所以才
會對酪農業生產商構成了特別嚴重的威脅。有些零售商利用
外觀的相似性造假牟利，把人造奶油當作天然奶油販賣。[19]
為了抑制市場競爭，全國的天然奶油生產商開始遊說聯邦政
府和州政府立法管制人造奶油，並向國會寄出了數千份請願
書。[20]到了1870年代，在農業的所有產品中，占比最大的就
是酪農業的產品。酪農業的說客代表的是大約500萬名酪農業
者以及數千個乳油廠和貿易商。相較於新出現的人造奶油產
業巨擘，許多政治人物都比較同情酪農業的利益團體，那些
來自紐約州、賓州、俄亥俄州、威斯康辛州和明尼蘇達州等
「乳製品州」的政客尤其如此。[21]這5個州在1890年賣出的天
然奶油，占了全國天然奶油銷售量的40%以上。[22]

在1880年代中期之前，許多州政府的立法機構都想要規
範人造奶油的製造與銷售，有些州希望能透過強制規定產品

標示來達到目標，有些州則直接禁止製造與生產。[23]然而，無論這些州政府制定的法律是強制要求標示還是完全禁止人造奶油，最後都因為難以檢測產品而無法有效達到目標。在20世紀早期之前，人造奶油和天然奶油大多是散裝出售的。即使製造商依法在產品上面做了標示，一旦零售商打開了原包裝，無論是國家檢查人員還是消費者，都無法判斷這些黃色的脂肪到底是天然奶油還是人造奶油。[24]酪農業的利益團體堅持政府應該立法規範人造奶油的顏色，藉此讓市場上的消費者和商家能一眼看出產品之間的差異。[25]

　　州政府和聯邦政府設立了系列的法規，限制人造奶油的調色，因此幫助廠商定義了人造奶油的顏色。州政府利用顏色來規範人造奶油的製造與行銷，有時甚至利用顏色禁止人造奶油。越來越多州制定了所謂的「反調色」法規，禁止企業製造和銷售調整成黃色的人造奶油，但沒有調色的產品則是可以製造和銷售的。[26]1886年，大量生產人造奶油的紐澤西州，率先禁止了公司銷售顏色模仿天然奶油的人造奶油。到了1898年，已有26個州使用反調色法管制人造奶油。還有一些州的法規更加嚴謹：佛蒙特州（1884年）、新罕布夏州（1891年）、西維吉尼亞州（1891年）和南達科他州（1891年）都通過法規，規定人造奶油必須調色成粉紅色的。[27]立法者、天然奶油製造商和人造奶油製造商都認為，只有在人造奶油是黃色的時候，消費者才會購買人造奶油當作天然奶

油的替代品。由於當時生產的人造奶油大多都是用黃色色素調色的，所以酪農業生產商都希望反調色法能夠禁止人造奶油的銷售。對食品業來說，食品調色通常是一種吸引現代消費者的手段，消費者的眼睛已經習慣要尋找這些顏色了。粉紅色法規要求企業把奶油調整成**不吸引人**的顏色，是一種很精明的反向操作。立法者以及遊說立法者的酪農業利益團體都很了解顏色的力量：他們使用**顏色來趕跑消費者**。

法院針對反調色法做出裁決，授權州政府規範人造奶油的調色。法院的裁決有助於決定人造奶油在市場上的外觀。美國最高法院在1894年判定反調色法符合憲法，各州可以依照這條法律禁止廠商銷售那些模仿天然奶油顏色的人造奶油。多位大法官認為人造奶油「在天然狀態下」是「淺黃色」，並認為「人工調色是在『模仿黃色的天然奶油』」。首席大法官梅爾維爾·富勒（Melville Fuller）與另外兩名大法官對該裁決持反對意見，他們不認為人造奶油的「天然顏色」是淺黃色或白色：

> 【人造奶油】具有奶油的天然調色，看起來像奶油，並且通常與奶油一樣，透過無害成分將其著色為更深的黃色，以使其對消費者更具吸引力。在本案中，我們沒有法律根據能假定廠商為人造奶油上色，是為了使人造奶油看起來像是另一個截然不同的產物。[28]

　　不管他們對人造奶油是否「天然地」看起來像奶油有不同的看法，包括富勒和其他反對者在內的法官們都認為，奶油的「天然」調色是深黃色。我們可以從富勒的聲明中看出，他早在1894年就接受了「添加色素為食品調色」是使食物更具吸引力的必要做法（由於富勒大致上來說都偏向贊成經濟方面的法規鬆綁，所以他不贊成判決也沒什麼好奇怪的）。[29]對食品業來說，為食品創造標準化的天然顏色是行銷策略中很重要的一部分，與此同時，政府官員、立法者與美國最高法院也認為標準化的天然顏色，是廠商在製造和行銷食品時的基礎。

　　雖然最高法院法官裁定限制黃色著色是合理的，但一項要求人造奶油是粉紅色等任意調色的法律被判定為違憲。美國最高法院在1898年裁定新罕布夏州的粉紅法規違憲。大法官指出，粉紅色並不是人造奶油「在天然狀態下」會出現的顏色，這段敘述表明了食品的顏色會大幅影響食品的吸引力與可行銷性。法院進一步主張，該法案將會迫使製造商摻假，因為該法案要求製造商在「他們的產品中添加外來物質，導致商品賣不出去」。[30]州政府立法者通過了粉紅色調色法規，最高法院的大法官則否決了此法規的合理性，雙方對國家權力和法律的合憲性抱持不同觀點。不過，除了法學方面的爭議之外，**雙方都理解顏色具有的力量**——在本案中，粉紅色對人造奶油來說是不合理的、「不自然的」顏

色，會降低產品的商業價值。雖然他們仍沒有確定生產者在使用人工技術使食物的顏色變漂亮時，可以做到什麼程度，但這項決議確立了一個相反的觀點：法律不能強迫生產者使用調色把食物變醜。食物的顏色正式進入了美國法律之中。

到了20世紀初，人造奶油的調色法規已經不只是州立法者必須面對的問題，聯邦政府也同樣必須面對這個問題。越來越多酪農業生產商要求政府針對人造奶油的顏色做出全國層級的限制，最後，聯邦政府在1886年首次通過了全國性的人造奶油法規。雖然該法規允許製造商調整人造奶油的顏色，卻透過另一種方法限制人造奶油的生產：無論人造奶油是否經過調色，都必須支付每磅2美分的稅金。[31]由於此法規的核心是稅收規定，因此管轄此聯邦人造奶油法規的是國稅局（Bureau of Internal Revenue）。國稅局局長向人造奶油生產商、批發商和零售商發放稅票，藉此向他們收稅。

然而事實證明了這套法規的收效甚微。國稅局很難監督和控制徵稅。稅金的檢查需要花費時間和金錢，已經超出了州政府檢查人員能負擔的範圍。[32]為了確保人造奶油的規定能變得更嚴格也更有效，酪農業利益集團提議對調色人造奶油徵收更高的稅。[33]1902年，在有關人造奶油法規的一場聽證會上，全國酪農業聯盟（National Dairy Union）的主席威廉‧霍德（William D. Hoard）指出，雖然人造奶油製造商可以「在口味、氣味、紋理和稠度方面模仿天然奶油」，但他

們應該要基於「社會大眾容易區分的特徵」，在天然奶油和人造奶油之間設立界限。雖然霍德認為白色的人造奶油應該賣不好，他仍宣稱由於色素中沒有營養成分，所以人造奶油不會因為無法調色而使得營養和可口程度下降。[34]

　　酪農業和人造奶油業的代表與立法者都出席了這場聽證會，會議上，歐洲案例提供了限制人造奶油調色的先例。其中以丹麥的案例尤其吸引他們的注意。由於技術發展、大規模生產以及國內外市場的擴張，丹麥的天然奶油產量自1860年代以來就在不斷迅速成長。[35]人造奶油在1870年代早期首次進入丹麥市場，大多都是從荷蘭和挪威進口的，直到1884年丹麥國內才開始生產人造奶油。酪農業者強烈要求政府限制這種新產品，導致政府在1885年立法要求製造商在人造奶油上做標示，最終在1888年禁止製造商把人造奶油的顏色調整得像是天然奶油。丹麥法規只允許製造商使用14種黃色為人造奶油調色，但是這些顏色全都很淺，即使是其中最深的顏色也無法達到天然奶油的色調。[36]在美國銷售產品的一家丹麥人造奶油製造商指出，丹麥允許的人造奶油顏色「非常、非常淺」，調色過的成品看起來就是「稻草黃色」。[37]雖然丹麥政府設立了這些調色規定，但丹麥的人造奶油消費量遠高於其他歐洲國家和美國：在1901年，丹麥的人均人造奶油消費量是15.5磅，美國則只有1磅。[38]部分原因在於丹麥把大量的天然奶油都出口到了國外市場，尤其是英國，而包

括酪農業者在內的國內消費者使用的都是人造奶油。[39]為了使人造奶油適合銷售，丹麥製造商在他們的產品中附上了膠囊包裝的黃色色素，消費者可以在家中依照自己的喜好為人造奶油調整顏色。[40]

美國國會相信，禁止調色並不一定會導致人造奶油業在不公平的狀況下被淘汰，因此在1902年通過了法規，對1886年的法案進行修正。新法規對「人工調色」的人造奶油徵收每磅10美分的稅金，同時把沒有調色的人造奶油稅金從每磅2美分調降至0.25美分。[41]新法規也調降了只銷售未調色人造奶油的批發商和零售商必須支付的許可證費用，批發商的許可證費從480美元調降到200美元，零售商的費用則從48美元調降到6美元。最高法院在1904年判定此法規符合憲法。[42]

新的銷售策略

1902年的新法規迫使人造奶油製造商和零售商改變他們的商業戰略。在這套聯邦法規通過後不久，首屈一指的人造奶油生產商亞莫爾公司就開始效仿丹麥的人造奶油製造商，開始在販賣沒有調色的人造奶油時，免費附上裝了色素的膠囊，藉此在無須支付每磅10美分稅金的狀況下，讓消費者獲得黃色的人造奶油。[43]美國財政部在1909年宣布，聯邦人造奶油法並沒有禁止製造商在販賣人造奶油時附上調色劑。因此，在販賣人造奶油時附上調色膠囊變成了人造奶油生產商

很常見的做法。[44]

人造奶油製造商派出銷售專員到地方商店去，並分發宣傳手冊行銷白色的人造奶油。[45]約翰·法瑞斯·傑克爾公司是非肉品包裝業的公司中，最早設立人造奶油製造廠的公司之一，他們在宣傳商品的同時，也推廣了調色方法。他們分發的宣傳手冊共有8頁，裡面的彩色插圖中有一位女人讀者演示如何為人造奶油調整顏色，並用文字逐步解說調色步驟（下頁圖6.2）。第一步是把人造奶油放在溫暖的房間裡，等奶油變得夠柔軟後，把它放在碗裡。接著，均勻地把色素滴在人造奶油上（每磅約需要8到10滴）。下一個步驟是用湯匙長柄杓「一遍又一遍地攪拌」，直到奶油變成均勻的黃色。宣傳手冊還指出：「傑克爾優質人造奶油中不含人工色素，這是因為製造商必須為人工調色的人造奶油支付每磅10美分的稅給美國政府。你可以從這些圖片中學到如何為人造奶油調色，為你的人造奶油省下每磅10美分的支出。」[46]製造商在解釋為什麼消費者需要自己為產品調色以及如何為產品調色的同時，也暗示了消費者付出這些時間和精力，不是因為製造商方便行事，而是因為這麼做能為消費者省下10美分的支出，如果人造奶油已經調色過了，那麼這額外的10美分稅金將會轉嫁到零售價格中。

1902年的法規通過後，人造奶油的產量立刻出現明顯下降。但產量很快就恢復了，1910年的人造奶油產量超過了1億

JELKE **HIGH GRADE** MARGARINE

Pierce the globule and drop the color evenly over the
Margarine (eight to ten drops will color one pound)—

The pure vegetable butter color which we furnish
free is the same as used in coloring butter, for practically
all butter is artificially colored. Coloring adds nothing
to the flavor of Jelke High Grade Margarine. It merely
makes it more appetizing to those people who are
accustomed to a yellow spread for bread.

© 1916 J.F.JELKE & CO. CHICAGO

圖6.2　這是一本傑克爾好運人造奶油（Jelke Good Luck Margarine）的宣傳
手冊，插圖是一位在人造奶油中添加調色溶液的女人，手冊藉由插圖向讀
者解釋如何為人造奶油調色。約翰‧法瑞斯‧傑克爾公司，《如何為你的
家庭料理調整傑克爾優質人造奶油的顏色》（*How to Color Jelke High
Grade Margarine for Your Own Family Table*）（Chicago: selfpub, 1916）。
海格雷博物館，出版收藏部，利奇菲爾的脂肪產品歷史收藏。

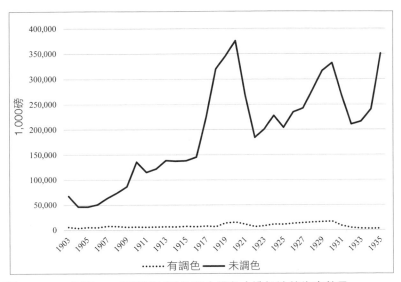

圖6.3 1903年至1935年美國有調色和未調色人造奶油的生產數量。
資料來源：*Annual Report of the Commissioner of Internal Revenue (Washington, DC: Government Printing Office, 1903–1936)*。

4,000磅，比1902年的產量高出了2,500萬磅（圖6.3）。[47]總產量增加的主要原因是未調色人造奶油的產量上升：在1903年至1905年期間下降之後，未調色人造奶油的產量出現了穩定成長，在1920年達到頂峰。在第一次世界大戰期間和之後，由於奶油短缺，導致中產階級和勞工階級的餐桌上越來越常出現天然奶油的替代品。1903年，伊利諾州的一位酪農業檢查人員報告說，伊利諾州的未調色人造奶油的銷售範圍比以前更廣了。由於人造奶油零售商每年需要支付的許可證費用

較低，加上人造奶油的消費量逐漸增加，所以許多零售商都申請了許可證，開始銷售未調色人造奶油，就連那些過去拒絕銷售人造奶油的零售商也是如此。[48]

其他國家的狀況也與美國和丹麥類似，人造奶油的法規不只有助於規範人造奶油的生產，也能幫助社會大眾定義人造奶油的顏色。在1900年代早期，有許多國家都對人造奶油的製造和銷售設立了各種限制，這些限制往往起源於天然奶油生產商的施壓。多數國家的人造奶油法規都和美國一樣，旨在防止人造奶油假裝成天然奶油欺騙消費者，並保護公共利益，至少表面上的目的是如此。[49]若希望消費者能區分出這兩種產品的區別，規定產品顏色是非常顯而意見的解決方案。法國、紐西蘭、澳洲和丹麥都禁止製造商把人造奶油的顏色調整得像是天然奶油。[50]英國絕大多數的人造奶油都是進口的，主要源自荷蘭和丹麥。1899年，英國的立法者和酪農業生產商在人造奶油法案的聽證會上，提議禁止人造奶油添加黃色色素，並要求製造商把人造奶油染成紅色的，不過這兩個提議最後並沒有成為法規。[51]

另一個規範人造奶油顏色的方法，是要求製造商在產品中添加「隱性顏色」（latent color）。1905年，丹麥的立法機關通過了另一套調色法規，要求製造商在人造奶油裡添加芝麻油，成品將會因此變得更黃一點。檢查人員可以在測試時把少量的人造奶油樣品拿去和一些溶劑混合，人造奶油中

所含的芝麻油會因化學反應而變紅，這使得檢查人員可以迅速判斷檢測的產品是不是人造奶油。[52]德國、比利時、奧地利、法國和瑞典也通過了類似的隱性顏色法規。[53]

　　由於人造奶油是天然奶油的替代品，所以許多國家的人造奶油法規在定義人造奶油的定位與顏色時，都會以天然奶油為基準點。人造奶油擁有許多可以改變的特性，包括顏色、味道、質地和營養成分等，立法者可以把這些物理特性（例如顏色）拿來當作監管的手段，這種特性也使得製造商可以靠著改變產品的成分、製造方法和行銷策略來應對政府法規。監管機構和消費者沒有堅決反對製造商在人造奶油中添加色素或其他調整顏色的材料。事實正好相反，他們很歡迎，甚至提倡社會大眾調整人造奶油的顏色，使產品看起來像是他們心目中的「天然」顏色。這種調色有時來自法規中的規定，有時則是消費者在家中自己添加色素。對於立法者和天然奶油生產商來說，人造奶油的「天然」顏色應該和天然奶油不一樣；對於消費者來說，人造奶油則應該要看起來像是天然奶油。在充滿混亂的現代資本主義世界中，越來越少人會自己製作奶油了，人們大多都只會在家為人造奶油調色。鮮豔又有光澤的食物，是值得付出努力的目標。

讓自然變「天然」

　　雖然酪農業一直在批評人造奶油的人工調色，但他們至少從14世紀就開始為天然奶油調色了。自從人造奶油在1870年代出現後，酪農業製造商為天然奶油調整顏色的目的就不只是保持外觀一致，也是為了把天然奶油和人造奶油區分開來。他們主張，因為製造商一直以來都會把天然奶油調整成黃色，而消費者也認為天然奶油一定是黃色的，所以若想在一年中的任何時候都「看起來像是奶油」，就必定會用到調色。[54]酪農業也認為他們提供的天然奶油必須是亮黃色，如此一來消費者才不會把天然奶油誤認為其替代品。[55]1902年的法案生效後，全國酪農業聯盟的祕書立刻寄了一封通知給各個酪農業協會，主張若他們想「拯救天然奶油的消費市場」，就必須「保持天然奶油的標準顏色，讓消費者能夠區別天然奶油與人造奶油」。[56]他建議**把天然奶油的顏色調配得更鮮豔**，把顏色的標準提高到人造奶油製造商無法模仿的程度。對於許多酪農業利益團體來說，顏色就是他們的軍事要塞，既能保護天然奶油，也能用來和人造奶油競爭。

　　然而，酪農業領導者提倡製作天然奶油的理想狀態，和酪農業者實際上製作天然奶油時的狀態之間，往往是有差異的。在20世紀早期之前，乳製品幾乎全部都是在農場進行加工的。製作天然奶油通常是女人的工作，要負責擠奶、進行

乳油分離、攪乳以及替天然奶油調色。男人則主要負責餵食、放牧、為家畜製作遮蔽物，並維護牧場和草地。[57]天然奶油的品質取決於這些酪農業者的技術和資源。有些酪農業者缺乏知識、設備或融資方法，導致最後的成品參差不齊，有時甚至會出現品質很差的天然奶油。[58]由於對許多酪農業者來說，製作天然奶油只是副業，所以他們通常不願意進行昂貴的投資。舉例來說，他們不願意購買能夠防止奶油變質的冷卻設備。[59]

　　1860年代早期，紐約州開始在乳油廠生產天然奶油，隨後其他州也紛紛效法。酪農業者把他們的牛奶送到乳油廠，在那裡進行攪乳，製作成天然奶油，再送到市場去。[60]乳油廠製造的天然奶油通常品質比較一致。許多酪農業生產商和消費者認為，乳油廠生產的天然奶油比農場生產的更好。然而，乳油廠在早期的經營規模通常比較小。直到1910年代晚期，乳油廠的天然奶油產量才超過了農場的產量。[61]

　　聯邦政府和州政府的官員、酪農業協會的領導人和大學的科學家都想要教導酪農業者了解，顏色在天然奶油交易中有多重要，以及製作奶油的「科學」方法。[62]舉例來說，美國農業部在1905年出版的農民公報《在農場製作天然奶油》（*Butter Making on the Farm*）中，向酪農業者宣傳製作天然奶油的「明確規範」。[63]各家酪農業協會在行業雜誌和農場報紙上定期發表文章，警告農民不要「忽視顏色」，冬季時

尤其如此。[64]

　　天然奶油在冬季的顏色會比較淺，主要是環境條件導致的。但是，「矯正」這種不受歡迎的顏色逐漸變成了天然奶油製造商的責任，他們必須調整天然奶油的顏色，符合消費者和生產商對「天然」顏色的期望。酪農業協會主管和政府官員時常抱怨，酪農業主在攪乳過程中添加食用色素時，分量都是用猜的。這種「草率的作為」使酪農業的最後成品無法達成品質一致。[65]他們認為在製作天然奶油的過程中，製造廠能完全控制的條件很少，調整顏色就是其中之一，因此他們建議酪農業者在天然奶油中添加更多黃色色素，使產品保持外觀一致。[66]

　　若製造商想要製作出擁有「天然」顏色的天然奶油，除了擁有技術外，他們也得了解市場需求。消費者心中的「天然」顏色和「好」顏色會因為市場不同而有差異。天然奶油製造商和貿易商普遍認為南方的消費者比較喜歡深黃色的天然奶油，東部和北部市場則比較喜歡淺黃色。[67]芝加哥有許多天然奶油販售商都指出，他們可以順利賣出顏色較淺的天然奶油。有些販售商甚至還認為，顏色鮮豔的天然奶油並不受城市消費者的歡迎。[68]企業領導人常會在奶油製作的商業手冊和行業雜誌中，建議酪農業和零售商定期詢問客戶的偏好，如此一來才能滿足市場的偏好。美國酪農業的權威之一奧托‧亨齊克（Otto F. Hunziker）在1920年出版的奶油製作

宣傳手冊中指出，許多天然奶油製造商常會「高估」市場需
求，傾向於把奶油的顏色調整得「比理想顏色或應有的顏色
更深」。[69]雖然亨齊克警告天然奶油製造商，要更注意消費
者的需求，但他沒有質疑為奶油調色的做法是否必要或合
法。事實上，他很支持製造商把奶油調整成一致的顏色。

天然奶油的調色

　　人造奶油製造商抨擊政府允許天然奶油調色的做法很不
公平。他們指出政府沒有設立天然奶油調色的法規，質疑這
些酪農業不該擁有「特權」。[70]人造奶油製造商在批評法律
系統給予酪農業豁免權的同時，也質疑天然奶油生產商憑什
麼聲稱他們有「優先權」可以把「天然的黃色」當作「商
標」。[71]他們主張，食物的顏色不該被任何人擁有，更何況
奶油的顏色還是大自然創造的「天然」顏色，那就更不該被
擁有了。[72]人造奶油製造商扭曲了天然奶油製造商的「天
然」顏色論點，堅持他們也應該有權力可以使用大自然創造
的「天然」顏色。

　　酪農業中也有許多人覺得為天然奶油調色是一件值得懷
疑的事。部分天然奶油製造商和政府官員認為，在奶油中添
加色素不僅沒有必要，更是一種欺騙消費者的手法。他們認
為只要天然奶油的品質夠好，那麼無論在什麼季節，奶油的
顏色都應該夠優秀。同時，他們也認為消費者會想要顏色鮮

豔的奶油。[73]一位天然奶油製造商指出，「那些願意為優質
天然奶油支付25美分的聰明人」都很清楚，天然奶油在冬季
的顏色本來就不會像夏季那麼黃，只要天然奶油在顏色之外
的條件夠好，這些消費者就會很滿意。[74]多數酪農業者都是
天然奶油調色的支持者，他們批評反對者：如果政府禁止為
天然奶油調色，這對酪農業來說將會是巨大的災難，消費者
不會購買「顏色淡到令人反感」的奶油。[75]

那些反對在天然奶油中添加色素的人，也一樣認為顏色
會大幅影響天然奶油的銷售。在1906年的農場報紙《華勒斯
的農場主》（*Wallace's Farmer*）中，一位酪農業者介紹了一
種無須使用色素也一樣能獲得「理想」顏色的方法：把燕麥
混合在牛飼料中，就能使天然奶油變成金黃色。[76]事實上，
酪農業早就已經時常採用類似的方法把天然奶油和牛奶的顏
色變黃，他們會在飼料中混合胡蘿蔔、萬壽菊和其他黃色原
料，在冬季時尤其如此。[77]就像在奶油中添加食用色素一
樣，餵乳牛吃胡蘿蔔和黃玉米的做法也涉及到人工操作和有
意識地控制顏色。對於那些反對天然奶油調色的人來說，天
然和人工之間的差異不只在於色素的來源，也在於調整顏色
的時間點──是在餵牛的時候，還是在攪乳的時候。

人造奶油調色也遇到了天然奶油調色會遇到的問題，監
管機關和製造商在判斷人造奶油的顏色有多「天然」的時
候，其中一個關鍵判斷因子是調色使用的原料。依據1902年

的聯邦人造奶油法規，製造商在調整人造奶油的顏色，希望「使人造奶油擁有天然奶油的顏色」時，「使用人工調色方法」的製造商必須支付每磅10美分的稅，「沒有使用人工調色方法」的製造商要支付的則是每磅2美分的稅。但法規中沒有明確說明什麼是「人工調色方法」。定義「人工」的這個責任落在了國稅局局長的手上。[78]監管機關因為法規中沒有清楚定義何謂「人工調色」而遇上了麻煩。人造奶油的「天然」顏色不一定是白色。就算沒有使用食用色素，人造奶油有時也會呈現淡黃色，其顏色會受到原料的影響。

　　人造奶油製造商按照他們自己對「人工調色」的理解生產出黃色的人造奶油，避開10美分的稅金。其中一種規避方法是使用植物油，例如椰子油、棕櫚油和芝麻油，這些油脂中含有類胡蘿蔔素，因此會使人造奶油變成黃色。[79]人造奶油製造商認為，他們並沒有刻意地把產品調整成天然奶油的顏色，這些植物油本來就是人造奶油應有的基本成分，因此他們的人造奶油是「天然」調色的，政府不應該對這些產品徵收「人工調色方法」的10美分稅金。[80]

　　然而，美國國稅局局長約翰‧耶克斯（John W. Yerkes）對廠商使用植物油一事提出了質疑。國會在1902年通過新法規的數個月後，耶克斯指出，由於人造奶油中的「植物油添加量少之又少」，所以政府不應該把植物油視為「該產品真正的原料之一」，他認為製造商使用植物油的「唯一目的就

是製造或產生黃色」。耶克斯得出的結論是，含有植物油的人造奶油應該被視為「經過人工調色」的產品，並徵收每磅10美分的稅。[81]最高法院在1909年判定耶克斯的判斷符合憲法，裁決人造奶油中使用的植物油占比太低，基本上唯一的作用只有把人造奶油的顏色調整得更像天然奶油，因此植物油應該被視為「人造色素」，添加了植物油的成品將被徵收每磅10美分的稅金。[82]

　　人造奶油製造商開始嘗試使用其他植物油，包括棉籽油、花生油和大豆油，這些植物油的可添加量較高，足以被稱作原料。[83]根據1902年法規中的定義，人造奶油是由牛脂和板油等動物脂肪製成的化合物，因此，用植物油製成的產品就算調色了，也不需支付10美分的稅，就算製造商在銷售這些植物油產品時命名為人造奶油（或「瑪珈琳」〔oleomargarine〕）也一樣。1900年代，氫化技術的商業應用推動了更多製造商使用植物油來生產人造奶油，氫化指的是在高壓狀態下把氫添加到植物油中，使油硬化的一種化學反應。[84]在接下來的數十年中，製造商生產與銷售的「未調色」黃色天然奶油替代品迅速增加：到了1920年代晚期，植物油混和動物油的產品、全植物油的產品，取代了全動物油的人造奶油。[85]國稅局的官員經常抱怨他們根本沒辦法根據調色的標準來管制人造奶油製造商，也無法執法。[86]

人造奶油定義的改變

聯邦政府終於在1930年補上了有關「天然」黃色奶油替代品的稅務漏洞。國會修改了1902年的法規，改變了人造奶油的定義，從此以後人造奶油指的不再只有動物脂肪製成的產品，植物油製成的產品也包括在內。只要在人造奶油裡添加能夠使產品「看起來像天然奶油」的化合物就得繳稅。次年，國會通過了由佛蒙特州的酪農業代表愛爾伯特·布里格姆（Elbert S. Brigham）提交的《布里格姆法案》（Brigham Act）。布里格姆認為此法案能把現行的人造奶油法規「解釋得更清楚」。[87]依照法案的規定，無論人造奶油的黃色從何而來，都必須徵收每磅10美分的稅。此外，該法案也首次為天然奶油和人造奶油的黃色做了定義，法案也規定要用比色計測量，消除不確定性。[88]立法者希望能將顏色量化與標準化，在管制人造奶油時把顏色當作「客觀」指標。正如我們在第二章討論的，有了比色計，科學家和食品製造商就有方法能測量、量化和標準化食品的顏色。天然奶油製造商的利益集團把比色計拿來當作工具，用來監管人造奶油利益團體並為他們製造困難。食品調色的標準化因而變成彼此競爭的利益團體在爭奪權利時，使用的政治和法律工具。《布里格姆法案》通過後，調色人造奶油的數量不斷減少，最後只剩下總產量的1%以下（第205頁圖6.3）。[89]

在1931年的《布里格姆法案》規定中，黃色和白色都不是人造奶油的「天然」顏色。人造奶油製造商在這之後仍繼續使用植物油替代牛油，原因在於植物油的可用性較高，價格也比較便宜。由於生產偏黃色的人造奶油必須支付10美分的稅，所以生產商把植物油帶出來的黃色漂白，把人造奶油變成白色。[90]人造奶油製造商繼續在商品中附上家用色素膠囊，讓消費者用黃色色素為漂白的人造奶油上色，端上餐桌當作天然奶油的替代品。對多數消費者來說，人造奶油的「天然」顏色仍是亮黃色。

顏色變成了一種武器，天然奶油和人造奶油的利益團體在互相競爭時用這種武器對付彼此，也用這種武器來爭奪誰能控制比較多立法者。天然奶油製造商和人造奶油製造商把顏色拿來當作天然和人工之間的界限，雙方都想要證明自己產品的合法性和真實性。酪農業利益團體強調所有天然奶油的黃色都是天然形成的，也常會堅持讓天然奶油在一年四季都保持亮黃色是非常重要的事，他們認為這麼做能使消費者區分出他們所謂的「仿造奶油」。酪農業和人造奶油業之間的競爭，以及19世紀晚期到20世紀中期的人造奶油法規變化，不但推動人造奶油的顏色獲得定義與標準化，也使天然奶油的顏色獲得同樣的進展。這樣的競爭與變化也顯示了商業利益在爭奪權力和市占率時，可以利用顏色的法規來對付敵對的利益團體。

創造出完美的天然食物

　　人造奶油進入市場時的定位是天然奶油的廉價替代品，但罐頭食物不太一樣，罐頭不但是新鮮農產品的替代品，同時也能和新鮮農產品互補。罐頭產品的顏色鮮豔且一致，有助於創造和反覆強調「完美天然」的產品形象。天然農產品會由於環境條件、季節、品種和地理方面的不同，使顏色出現差異，這些農產品包括新鮮水果、蔬菜和魚類等。罐頭技術和食品科學的進步，使罐頭生產商能夠始終如一地生產出外觀標準化的罐頭食品。罐頭製造商用產品標籤和廣告中的彩色圖像，宣傳他們能用罐頭包裝和保存食物的天然顏色，這些標籤和圖像往往會暗示罐頭食品比新鮮食品更新鮮。

　　在19世紀的最後數十年間，多數罐裝蔬果是昂貴的特殊產品。美國的商業罐頭廠在19世紀初就出現了，但一直到1870年代，罐頭技術的發展與蒸汽壓力的應用，才使罐頭公司開始大量生產各種罐頭，並建立大型的國內企業，這些公司包括德爾蒙食品、利比、亨氏和金寶湯。[91]到1910年代，罐頭廠推出了種類繁多的罐頭食品：青豆、番茄、玉米、桃子、梨子、蘋果、杏桃、櫻桃、李子、白葡萄、草莓、鳳梨、貝類和鮭魚。[92]到1930年代，在美國的48州中，共有2,200間罐頭廠在44個州、夏威夷和阿拉斯加運營。[93]

　　罐頭產品的銷售與使用不僅擴大到各個區域，也擴及不

同階層。到了20世紀初，罐頭食品的產量增加，價格下降，變成包括勞工階級在內的許多美國人廣泛購買的產品，在雜貨店的貨架上成為支柱。[94]罐裝蔬果的人均消費量從1899年的12.5磅增加到1927年的38.5磅。[95]罐頭食品的外觀和味道其實不會和生鮮農產品相同，但由於當時生鮮農產品仍然很稀缺，冬季時尤其如此，所以罐頭食品同時為下層階級和上層階級的消費者，提供了一系列顏色繽紛且品質可靠的蔬果。

罐頭食品的品質（尤其是外觀）取決於許多因素，包括品種的選擇、原料的等級、收穫和罐裝的時間點以及烹飪過程。若想生產顏色和口味優良的罐頭產品，選擇合適的蔬果品種是重要關鍵。舉例來說，罐裝鮭魚的顏色會因為品種不同而有變化。在華盛頓州的普吉特海灣（Puget Sound），紅鉤吻鮭（saukeye salmon，又名sockeye）製作成罐頭後，顏色比阿拉斯加的罐頭魚肉更鮮豔明亮。粉紅鮭（pink salmon）的肉質比其他品種的鮭魚更柔軟，在罐頭加工時會變成淺粉色或褐色。白鮭（chum salmon，又名dog salmon）不適合裝成罐頭，因為白鮭在煮熟後會變得又軟又糊，顏色淺淡。罐頭食品仲介約翰·李（John A. Lee）在1914年的銷售手冊中指出，罐頭白鮭看起來是「骯髒的白色」，吃起來「有一種低劣的泥土味」。[96]此外，並不是所有水果品種都適合做成罐頭，就算水果具有良好的顏色、口味和質地，又適合直接吃掉，也不一定會適合變成罐頭。舉例來說，在不

同品種的桃子中，最適合做成罐頭的品種是「飛利浦黃色黏桃」（Phillips Yellow Cling）。這種桃子的質地、顏色和味道在加熱罐裝後能維持得比其他品種更好。[97]

原料與「新鮮」程度

罐頭製造商有時會優先考慮外觀，而不是口味和調味。李認為阿拉斯加品種的豌豆是圓形的，體積也比其他品種更小，所以「比較美觀」。此外，這種豌豆的質地也比較密實，在烹煮時比其他較甜的品種更「持久」。霍斯福前進者（Horsford-Advancer）和艾德麥羅（Admiral）等品種的豌豆都是橢圓形的，而且尺寸比較大，沒有阿拉斯加品種那麼「美觀」。但這些品種吃起來的嫩度和甜味「遠遠勝過」阿拉斯加豌豆。飯店、外燴和餐廳通常都比較喜歡阿拉斯加豌豆，因為這個品種的顏色和形狀能使菜餚顯得更好看。[98]

除了選擇合適的品種外，製造商還必須使用穩定的高品質原料。罐頭手冊建議罐頭製造商，應該要為了取得高品質的原料而「徹底了解和監督農民和種植者的工作」。[99]罐頭生產商必須確保水果是在適當的成熟階段採摘的，他們將這種成熟度稱作「罐裝成熟」（canning ripe）或「硬熟」（firm ripe），指的是還沒有完全成熟到可以直接食用，但尺寸夠大，風味也夠完整。[100]

若水果不夠成熟，罐頭的顏色和風味就會不足；若水果過

度成熟，就會在罐頭消毒的過程嚴重軟化。如四季豆、豌豆和玉米這一類的蔬菜必須在質地柔嫩的時候採摘裝罐。[101]未成熟番茄的氧化程度比成熟番茄更高，而且顏色也還沒有發展好，它們不是亮紅色的，而是偏黃或偏紅棕色的。[102]製造商必須擁有罐頭食品的製備技能與知識，才能解決這方面的問題。有經驗的罐頭製造商可以透過成品的外觀和味道來辨認，製作時是不是使用了等級不適合的原料。[103]罐頭商經常在廣告和其他宣傳材料中宣稱，只有最優良的食物才能放入罐頭中，因此罐頭食品「遠勝過散裝的新鮮食物」。換句話說，**罐頭把天然食品變成了完美的天然食品**。[104]

罐頭製造商也宣稱，罐頭食品比天然產物更好的另一個原因是，農場和罐頭廠之間的位置很接近。罐頭廠通常比較靠近盛產蔬果、魚和其他原料的農場、河流或海洋附近，例如加州、阿拉斯加和哥倫比亞河沿岸。[105]確切而言，若想在不降低食物品質的狀況把易腐損食物運輸到不同地點去，相較於新鮮食品，罐頭食品運輸起來比較容易，成本也比較低。美國全國罐頭協會（National Canners Association）指出，以罐裝豌豆來說，從產地到工廠的理想運送時間是1小時。[106]

在推廣產品品質的時候，罐頭製造商把近距離當作產品新鮮的標誌，蔬果和魚類都能在收穫後，迅速被裝進罐頭中保存。1917年，《美國食品雜誌》刊登的一篇文章中，曾任職於大型罐頭公司「利比麥克尼爾利比公司」（Libby,

McNeill, & Libby）的細菌學家勞倫斯・伯頓（Lawrence V. Burton）指出，罐頭食品比「新鮮農產品」更新鮮，這是因為「送到你家的新鮮農產品」有時是在「未成熟時採摘，經過1,000英里以上的路程才來到你家」。[107]罐頭製造商在宣傳時把時間當作新鮮度的重要指標。食品在收穫後越快包裝，產品就越新鮮。但是食物一旦被放入罐頭中之後，時間就不重要了。正如伯頓所說的：「罐頭香腸能永遠保持新鮮，永遠不會變質。」[108]

　　以鳳梨罐頭來說，工廠越靠近收穫地，對罐頭來說就越有利。在19世紀的最後數十年，鳳梨罐頭在美國變得越來越容易購得，一開始鳳梨罐頭大多來自英屬馬來亞和巴哈馬群島，後來則主要來自夏威夷。鳳梨罐頭的出現使得城市的消費者有機會能享受這種來自熱帶的金黃色水果，若沒有罐頭的話，這種極易腐壞的水果是無法到達他們餐桌上的。從美國大陸遷往夏威夷的定居者，從1880年代早期就開始嘗試鳳梨罐頭，但當時沒有取得太大的商業成功。詹姆斯・都樂（James D. Dole）是夏威夷第一任州長史丹佛・都樂（Sanford B. Dole）的堂兄，他率先在夏威夷建立了現代鳳梨罐頭產業。[109]詹姆斯・都樂在哈佛大學獲得農業學士的學位後，在1899年從波士頓搬到夏威夷瓦胡島（Oahu island）的瓦希瓦鎮（Wahiawa），在1901年建造了第一家罐頭廠。1907年，他把罐頭廠擴大到檀香山港（Honolulu Harbor）。

夏威夷的鳳梨罐頭產量迅速增加：1912年的產量是75萬個罐頭，數量在接下來1年內成長到100萬。[110]

罐頭商相信罐頭鳳梨的品質比新鮮鳳梨更好。由於鳳梨容易撞壞又腐爛得很快，所以若想販賣新鮮的鳳梨，就必須在鳳梨未成熟時採收，讓鳳梨在運送途中成熟。這種「人工成熟的鳳梨」顏色偏白、充滿纖維、口感堅韌，品質不像直接在產地封裝的鳳梨罐頭那麼好。由於罐頭鳳梨是在鳳梨完全成熟後才封裝的，所以保留了鮮豔的黃色、柔軟的口感和成熟的風味，罐頭商常把罐頭鳳梨形容成「罐頭中的陽光」。[111]罐頭廠通常會把鳳梨泡在濃糖漿裡，使鳳梨變甜並使顏色變鮮豔。他們在標籤和宣傳品中讚揚，製作罐頭時使用糖漿和機械加工，不但能使天然農產品保持新鮮，甚至還能使產品變得更好。[112]

鳳梨罐頭在1910年代逐漸成為許多美國食譜中的熱門原料，部分原因在於價格下降，以及都樂食品公司和其他罐頭公司的大量廣告。[113]1910年12月，《波士頓烹飪學校雜誌》刊登了一份「12月專屬正式菜單」，其中一個點心的食譜中，原料就包含了罐頭的鳳梨和柳橙片。[114]就算是在冬季，一般家庭也可以用鳳梨的黃色和柳橙的橙色點亮餐桌。鳳梨罐頭的價格與其他水果罐頭差不多，甚至比1910年中期的一些農產品還要便宜。在1915年的批發目錄中，鳳梨罐頭的批發價是每打1.8美元，桃子罐頭是每打2.85美元，梨子罐頭是

每打3美元。[115]到了1920年，鳳梨罐頭變成了美國銷售量第二的罐頭，僅次於桃子罐頭。[116]

　　就算廠商在製作罐頭食品時使用的是高品質的原料，但若裝罐的技術不佳，成品的外觀和食用品質都會受損。罐頭的製作過程包括數個烹飪步驟，這些步驟能使成品擁有理想的外觀。罐頭製造商必須分次烹煮少量食物，而且烹煮時間要短，才能讓這些食物獲得相同的顏色。舉例來說，如果製造商一次把一大堆甜菜拿去裝罐、加工和密封的話，甜菜的顏色將會變得不一致，有些甜菜能保持原本的顏色，有些則會變得偏黃或偏白。[117]為了確保罐頭中的水果能擁有完整的顏色，製造商必須在短時間內把整個水果煮熟。[118]以梨子為例，若想使梨子保持色澤明亮，烹煮時間就不能超過10到12分鐘。[119]烹煮過後必須盡快冷卻梨子，才能保持水果的天然顏色。[120]

罐頭食品的加工

　　製作罐頭最重要的過程之一就是殺菁（blanching，這個單字也有「漂白」的意思）：在沸水中加熱食物1至15分鐘，依照食物種類的不同調整時間長短。這個過程使得製造商更容易去除桃子等食物的果皮（去皮能使食物看起來更白，因此才會使用「blanch」這個單字）。殺菁能抑制酶進行反應，進而**保存**或**加強**食物的顏色，不會使顏色變得更白或更

淡。舉例來說，殺菁後的蘆筍和豌豆會是鮮豔的綠色。為了
保存食物的顏色，製造商必須在煮沸食物之後立即用冷水冷
卻食物。有一些水果能在殺菁後獲得一致的顏色，還能防止
褪色，桃子就是一例。殺菁還能還使桃子變得更有彈性，更
容易裝入罐頭裡。殺菁的其他優點包括去除令人反感的風
味、改善或軟化口感，以及清潔汙垢。[121]

　　有些產品必須使用適合的容器，才能保存理想的顏色，例
如甜菜就是如此。甜菜中的酸會和一般罐頭中的錫產生反應，
導致甜菜從鮮紅色褪色成淡紅色或黃色。因此在包裝特定蔬果
時，使用的不會是普通的錫罐，而是內裡有一層琺瑯的罐頭，
如此一來才能維持甜菜和莓果等農產品的鮮豔顏色。[122]

　　在原料的品質不夠好時，罐頭廠會使用食用色素等化學
添加劑保持罐頭食品的顏色或使顏色更加鮮豔。等級較低的
醃漬食品中往往會添加合成色素，使食品的顏色更鮮豔一
致。有些製造商會使用其他水果的果汁，使成品的外觀更鮮
豔。舉例來說，當蘋果果凍的顏色過淺時，罐頭商會添加覆
盆子汁或黑莓汁，但最後他們仍會將產品稱為「蘋果果
凍」。[123]糖漬櫻桃（maraschino cherries）是一種主要用於裝
飾的櫻桃，幾乎所有糖漬櫻桃裡面都含有紅色色素。為了把
櫻桃的顏色調整得鮮豔一致，製造商通常會使用化學添加劑
把櫻桃漂白，然後再染成紅色，最常見的添加劑特別是亞硫
酸鹽的蘇打水。[124]

　　另一種常會含有色素的罐頭食品是豌豆。20世紀初，美國的豌豆罐頭主要是從法國進口的。法國的罐頭豌豆會用化學添加劑調色，使用的通常是銅鹽。美國農業部的官員和科學家，尤其是局長哈維・威利，都公開指責這些進口罐頭是摻假且標示不實的產品，其中有許多罐頭沒有在包裝上標示這些罐頭使用過哪些化學添加物。[125]1906年的《純淨食品與藥物法》要求製造商把使用在罐頭食品中的添加劑標示在包裝上，美國的罐頭製造商希望能不使用化學添加劑，維持豌豆罐頭的「天然」顏色，因此他們選擇了適合罐裝的品種，並在適當的成熟時期收成這些豌豆。罐頭廠商在行銷美國國內製造的產品時，常會強調顏色鮮豔的法國產品有害健康。[126]雖然以罐頭食品來說，鮮豔統一的顏色是品質優良的指標，但消費者和政府檢查人員也會因為這種顏色，而對產品的安全性有所懷疑。

罐頭食品的銷售

　　罐頭製造商和行銷商建議零售商在銷售罐頭產品時，最好強調罐頭產品的外觀是食物品質優良的重要特徵。1919年，家政學家艾蓮諾・李・萊特（Eleanor Lee Wright）在行業雜誌《美國食品雜誌》上寫道，豐富明亮的顏色「會大幅影響消費者能否接受罐頭產品。」[127]舉例來說，在銷售玉米罐頭時，顏色的鮮豔度與口味就是一個影響非常大的因素。

罐頭食品仲介約翰・李建議零售商可以用湯匙舀起罐頭中央的玉米，向商店裡的顧客展示罐頭的內容物。由於加熱與其他加工過程有時會使得罐頭外緣的玉米褪色，所以通常中央的玉米會比外緣的更鮮豔。李指出，以罐頭鮭魚為例，向顧客展示切開的鮭魚片，將能有效地展示「充滿吸引力的顏色」。[128]就算零售商打開了樣品罐頭並展示內容物，消費者通常也沒辦法看到他們將要購買的那幾個罐頭內部，只有回到家中打開罐頭後才能看到。罐頭產品與其他商業製造的各種產品，都為消費者提供了具有一致性和可預測性的食品，換句話說，罐頭提供的食物都擁有相同的外觀和味道。

廣告、宣傳卡和標籤上的鮮豔圖案能提供視覺提示，讓消費者對罐頭食品的外觀有一定程度的理解。罐頭廠是最早在宣傳品中使用彩色印刷品的食品業之一。在20世紀初之前，罐頭的標籤上通常都充滿著文字描述的訊息。[129]但隨著印刷技術的進步，到了1910年代，多數罐頭食品的標籤變成了蔬果、肉類和魚類的鮮豔圖案。大型罐頭公司德爾蒙食品公司在1917年首次推動了全國性的宣傳活動，該公司是最早展開大規模廣告的其中一間罐頭公司。[130]罐頭廠的廣告通常不只會展示罐頭食品的外觀，還會展示這些食物裝進盤子裡的樣子。罐頭食品的廣告和標籤上出現的是閃耀著橘黃色光芒又甜美多汁的完美桃子切片、綠色的新鮮蘆筍和豌豆，以及華麗的黃色鳳梨片。[131]

種子貿易商和園藝家至少從19世紀中期就開始在貿易目錄和其他出版物中，使用手繪的彩色圖片來展示蔬果的實際外觀。[132]罐頭食品的標籤和廣告上之所以要放上彩色圖片，和19世紀那些目錄要放上彩色圖片的原因很相似。這些圖片不同於攝影，不一定會完全複製真正的蔬果，也不一定會合乎現實狀況。不過，罐頭廠會為特定的食物提供特定的鮮明顏色（例如番茄是紅色，鳳梨是亮黃色，桃子是豔麗的橘黃色），希望能讓消費者把他們的產品視為天然與富饒的象徵。

罐頭製造商和行銷商越來越常應用新的罐頭技術和行銷活動來標準化罐頭食品與其形象，而聯邦政府則為罐頭產業提供了法規上的標準化顏色。在20世紀頭數十年，罐頭食品的生產和消費量不斷增加，使得摻假和標示不實的罐頭產品變得越來越普遍。為了管制標示不實的罐頭並確立罐頭的品質標準，聯邦政府制定了罐頭食品的分級標準，分為「特級」「精選」或「優於標準」以及「標準」。1930年，美國國會通過了《麥那利梅普斯修正案》（McNary-Mapes Amendment），核定了罐頭食品的內容物和容器的品質標準。然而，由於缺乏資金來源，所以一開始法規只針對特定幾種產品制定了標準，包括豌豆、番茄和桃子。[133]在1938年通過了《食品、藥品與化妝品法案》後，政府為多數罐頭產品制定了標準。舉例來說，該法案特別指明要根據孟賽爾色卡來判斷罐頭番茄的顏色。罐頭豌豆的標準則是每個罐頭裡

有斑點或變色的豌豆不能超過4%。[134]就像在規範人造奶油的顏色一樣，確立特定食品的顏色變成了政府的工作。

重塑消費者心中的天然與新鮮

原始顏色和假造顏色之間的界線不再清晰。人造奶油製造商和罐頭製造商盡了一切努力，希望能製造出長得像是新鮮的農產品、肉類、魚類和天然奶油的產品。社會大眾對黃色天然奶油抱持的預期，促使人造奶油的生產商和零售商改變他們製造和營銷產品的方式。罐頭食品的案例體現了製造商如何努力維持產品的外觀一致，並延長產品擺在架上的時間，藉此呈現出他們的產品是完美的天然食物。對人造奶油製造商和罐頭製造商來說，他們與競爭對手抗衡、與天然農產品競爭甚至戰勝自然的關鍵因素，是**顏色的可重複性和一致性**。

人造奶油和罐頭產業的製造與行銷策略，也反過來重塑了消費者心中的天然奶油和新鮮蔬果的理想顏色。酪農業領導者希望能為天然奶油制定新的顏色標準，藉此向其他酪農業者推廣天然奶油的現代製造和行銷方式，把天然奶油和人造奶油區分開來。在罐頭業中，製造商一致認為現代技術和科學能使罐頭中的天然農產品更加「天然」和「新鮮」。標籤和廣告中的行銷用語和繽紛圖片，使罐頭食品的消費量增

加，也為消費者提供了理想化的天然形象——消費者將會在
罐頭裡找到這種天然形象。

　　隨著仿製食品取代真正的食品，顏色逐漸成為法律問
題。相互競爭的利益團體推動了法院和立法機關，努力想把
自己使用的加工步驟變成合法且天然的方法，同時把競爭對
手的加工步驟標示為造假。但事實上，我們已經再也無法回
到沒有人工加工的時代了。政府開始監管人造奶油和罐頭食
品，這有助於社會大眾把這些產品視為真正的商業商品。正
如我們先前看到的，在最高法院針對反調色法、一系列的人
造奶油法案和罐頭分級標準法規的判定中，大法官和立法者
不但定義了天然奶油、人造奶油和罐頭食品的外觀，而且他
們也很了解顏色的力量。他們接受了這些產業中的前提：食
品業若想使食品變得適合行銷又有吸引力，那麼添加色素就
是必要的。天然顏色的標準化超出了商業領域，連政府也陷
入了顏色的網羅中。

第七章

展示、包裝新鮮

The Visuality of Freshness

行銷和廣告教會消費者購買特定顏色食物的傾向之後，購物的物質文化也必須演化出與之相配的發展。把食物顏色標準化的其中一種方法，是靠著農民和食品加工商的加工，另一個方法則是靠著零售商在雜貨店裡的創新。在19世紀和20世紀早期，城市的消費者主要都是從當地的雜貨店、公共零售市場和小販那裡購買食物的。在當地雜貨店中，消費者對產品的感官接觸相對有限，店家往往會把產品擺在櫃檯後面或儲存在裡間。[1]零售市集通常則正好相反，往往會充滿多到使人混亂的感官感受。1884年，一位貿易商在描述芝加哥的南水市場（South Water Market）時指出：「那是一座由桶子、盒子、血淋淋的牛和雞舍組成的迷宮，裡面的味道你絕不會錯認，那是保存不佳的鄉村穀倉、大量袋裝馬鈴薯、蛋殼、南瓜、桶裝蘋果酒、又冷又硬的死豬散發出來的味道。」[2]購物者能看到和觸摸農產品，聞到各種混在一起的食物（和非食物），並聽見人在說話和馬的嘶聲。在這種多重感官的環境中，消費者會用外觀、氣味和質地來辨別食物的新鮮度。

到了20世紀中期，消費者的感官體驗變得越來越同質化。越來越多的食品商店開始以自助服務方式銷售易腐損的食品，也就是水果、蔬菜和肉類。購物者會穿越走道，挑選預先切好和預先包裝好的肉類和農產品，拿到收銀台。由於顧客很少有機會能真正試吃、試聞或試摸他們將要購買的食

物，所以他們在選擇食物時主要依賴的是**視覺資訊**。

　　表面上來說，在透明包裝產品（尤其是玻璃紙）出現之後，消費者就可以透過包裝看到食物的「真實」外觀了。與20世紀初在雜貨店銷售的商品相比，數十年後在自助服務超市銷售的玻璃紙包裝產品，似乎能提供更多包裝內的商品資訊給消費者。[3]然而，消費者不一定會因為透明的包裝而更有能力辨別食品的品質。消費者雖然因為玻璃紙而能看見包裝內部的商品，但也同時因此無法透過其他感官接觸產品。儘管消費者能看到食物，但其他感官全都失效了。除此之外，製造商也因為玻璃紙包裝、商店照明和冷藏展示櫃而得以更有效地控制食品的顏色，標準化食品商店的視覺環境。外觀一致的鮮紅色肉品、翠綠色的菠菜和豔紅色的番茄，全都被裝進了透明的包裝中，排列在衛生整潔的櫃子中，展現出天然與科技交互作用後產出的「工業式新鮮」。[4]

在雜貨店打造「展示櫃」

　　在20世紀的頭數十年，包括自助服務在內的新式雜貨店營運方式，徹底改變了食品的購物模式，這種轉變在城市中尤其明顯。1917年，田納西州的孟菲斯市成立了美國的第一間自助服務商店，這間店是克拉倫斯·桑德斯（Clarence Saunders）的小豬商店（Piggly Wiggly）。在這之前，美國

消費者買賣日常食品的流程，與20世紀美國人習慣的方式截然不同。店員通常會從櫃檯後的貨架上為顧客取貨。此外，雖然雜貨店也會出售一些易腐損食品，但主要販賣的還是罐頭和其他加工產品。大部分的屠夫和農產品雜貨商，通常會在不同的商店經營特定的業務。[5]從1920年代開始，越來越多大型雜貨店把鄰近的肉舖和農產品店併入他們的店裡。在這些「合併」的商店中，顧客只要進入一間商店就能買到許多種不同的食物，不再需要花時間前往3個不同的地點購物。[6]

儘管合併商店越來越普遍，但自助服務一開始只有應用在分裝好的食品上。在多數商店中，購買肉類的方式和傳統肉舖差不多，商店中會有一個肉舖櫃檯，由男性店員提供切肉和銷售等完整服務。[7]顧客會在肉舖櫃檯前排隊，告訴店員他們想要買的具體部位和重量。在這種交易過程中，顧客有機會詢問屠夫哪些肉是新鮮的，烹飪方式應該是烤還是煎。屠夫會取出需要的肉塊，切下顧客想買的量再包裝好。在購買農產品時，顧客會於陳列在商店中的大量蔬果中挑選產品，拿去給農產品區的店員稱重並裝袋，接著在收銀台計算價格。[8]

把易腐損商品整合進超市後，零售商獲得了機會，可以把整間店的品質都展現給消費者看，藉此吸引消費者並建立顧客忠誠度。相較於分裝好的食品，消費者比較常購買的是易腐損產品。如果雜貨商能提供各種高品質的蔬果和肉類，

顧客光臨這間商店的頻率就會高於其他商店。[9]在購買罐頭食品、盒裝麥片和瓶裝商品等雜貨時，無論在哪裡購買，獲得的都是同樣的商品。單就這些產品而言，商店只能靠著較便宜的價格和較多元的品項來勝過其他店家。易腐損產品則不同，這些產品的品項會隨著季節變化，有時甚至每天都不同，這種多樣性是許多購物者對商店感興趣的原因之一。[10]

由於改變之後的肉舖與農產品銷售區具有繽紛的「天然之美」，又有機會用充滿吸引力的方式展示，所以這兩個區域變成了商店的「展示櫃」。[11]在1920到1930年代，雜貨手冊和行業雜誌不斷強調新鮮農產品在超市企業中的重要性：易腐損產品「透過視覺對消費者產生了最大的吸引力」。[12]雜貨業的主流行業雜誌《先進雜貨商》在1935年指出，沒有任何商品「能像新鮮蔬果一樣，如此自然地吸引顧客的注意並刺激食欲」。[13]另一篇文章則主張「種類繁多的新鮮蔬果，以吸引人的方式展現出天然色澤和新鮮度」，消費者將會因此受到吸引，走入商店。[14]商店甚至可以用「外觀看起來特別新鮮或特別好的商品」，來合理化商品的價格為什麼比其他商店更昂貴。[15]

雜貨商認為架上蔬果的外觀是影響銷量的最重要因素，他們如何用有吸引力的方式陳列農產品，也會使整間店的氛圍產生變化。因此，他們往往會把農產品區設置在商店的「最佳位置」，通常會是入口附近。[16]農產品與肉類的顏色

對雜貨店的營運來說之所以會這麼重要，不只是因為這些顏色能使商店內部顯得更明亮，也因為顏色是顧客判斷食物品質的關鍵指標，他們會依此決定要不要購買特定商品。[17]

在商店開始以自助服務的方式，販售罐頭產品和分裝產品等不易腐損的食物後，商店的視覺環境也出現了變化。《先進雜貨商》的編輯卡爾・迪普曼（Carl W. Dipman）在1931年的雜貨手冊中指出，自助服務商店中的購物者希望能「接觸」商品，他們想要在不受店員干擾的狀況下「閱讀包裝上的標籤和產品使用說明」，因此雜貨店「應該盡可能多地公開展示貨品給顧客看」。迪普曼認為「布置得當的商店裡」應該「消除各種障礙」，讓消費者和商品能夠「相遇」。[18]這種新的商店展示模式不同於早期的雜貨店，應該讓購物者自行查看、判斷和選擇產品。

因此，商家必須修改雜貨店的內部結構才能符合自助服務的需要。雜貨商改變了商店貨架的擺放位置，使「顧客動線流通」。他們在商店中央設置了雜貨商所謂的「自助貨架」，又在牆上裝設了壁掛層架和展示櫃。顧客進入商店後，會穿越壁掛層架和自助貨架之間的走道，在出口附近的收銀台付款後離開（下頁圖7.1）。自助服務商店使用了新的內部結構設計，讓客戶能夠自行決定自己的購買體驗。當時的雜貨商手冊經常強調顧客能自由地商店中購物的重要性：顧客可以**看到**商店展示的所有產品，因此購買的商品會比購

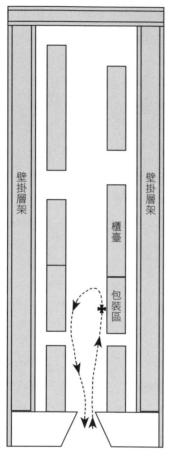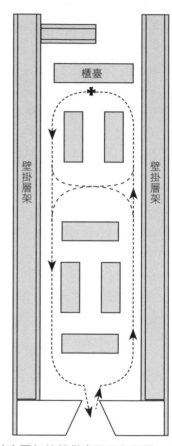

圖7.1 「老式」（左圖）和「現代式」（右圖）的雜貨店平面布置圖，出自卡爾・迪普曼於1931年出版的《先進雜貨商》。迪普曼解釋說，老式商店中的壁掛層架前的長型櫃檯和展示櫃會把顧客與大部分商品隔開，大約有一半的商品是顧客看不到的。在現代式的商店中，雖然還沒有完全轉變成「自助服務」，但開放式展示櫃排列成多個分隔區，讓顧客能在店內自由行走。檔案提供：《先進雜貨商》。

物清單上的東西更多。此外，有鑑於當時許多雜貨店的空間有限，所以流暢的消費者動線也能避免他們擠在一起。[19]

　　這種基於商店組織方式設置的新型走道更方便顧客觀看商品，也促進了商店消除食品購物體驗的獨特性。購物者仍有機會能和屠夫與銷售農產品的店員互動，但在選擇自助雜貨商品時，他們會獨自在商店內四處逛。在1920與1930年代，自助服務還是一種相當新穎的系統，顧客與商店經營者都對這個系統算不上很滿意，雙方都希望能在有需要時面對面互動。事實上，即使雜貨店在銷售不易腐損的食物時，主要使用的系統變成了自助服務，但雜貨店的營運方式仍會在一定程度上保持店員服務。[20]然而，無論這些商店從店員服務的營運模式轉變到自助服務的速度有多緩慢，這種轉變都是千真萬確的。新的商店內部結構設計就是這種變化的寫照。在顧客和店員之間的社會關係逐漸消失的同時，購物者和商品的接觸將會變得更加親密。

肉品的顏色：自助服務面臨的挑戰

　　在建立易腐損食品的自助服務銷售系統時，雜貨商在新鮮肉類方面遇到了困難，主要原因在於他們沒有足夠的技術能在肉品切片之後，繼續維持肉品的鮮豔顏色。[21]在1940年代中期之前，冷藏展示櫃沒辦法保持足夠的低溫，因此裡面的肉類和農產品也就無法有效地延長擺在架上的時間。[22]此

外，自助零售商也沒有適合的包裝材料能用在肉品上。

在1860至1870年代，**顏色**成了動物肉品轉變為標準化商品的關鍵行銷因素。大型肉類加工業的出現，大幅改變了美國的肉品消費模式。隨著國內市場的擴張與長途運輸的發展，越來越多城市中的消費者開始購買數千公里之外的肉品加工商切好的肉品。在這之前，牲畜載運商會把將整隻動物運送到消費者附近的肉舖，由屠夫根據訂單在儲藏室裡切肉。肉品加工商和零售商想要讓消費者相信，遠方加工好再運送過來的肉品沒有變質，而且和附近零售商新鮮屠宰的肉品一樣好。消費者最關心的問題之一是肉品變質造成的健康威脅，而肉的顏色和味道是消費者用來判斷疾病和腐敗的主要要素。[23]

肉品銷售方式的轉變，也使得零售商比過去任何時候都還要更重視肉品的顏色。19世紀後期，越來越多零售商肉舖開始在玻璃展示櫃中展示肉塊。在這之前，很少有批發商和零售肉舖會向顧客這麼做。最先開始肉品展示的先驅者是古斯塔夫・史維夫特（Gustavus Swift），他後來成立了史維夫特公司，在19世紀晚期到20世紀成為最大的肉品加工商之一。1870年代，史維夫特在麻薩諸塞州克林頓鎮經營一家肉舖，他發現在店裡展示產品時，顧客較有可能會衝動消費，購買更多肉品，[24]他們的雙眼會受到各種肉塊的吸引。購物者在判斷肉的品質時，顏色是很關鍵的因素。事實上，在19

世紀晚期和20世紀早期的許多食譜中，都提供了根據顏色選擇優良肉品的方法。[25]

　　肉品加工商必須仔細處理動物，才能防止肉品出現「不自然」的顏色。肉的顏色取決於許多混雜在一起的複雜因素，包括動物的品種、年齡、性別、飼料類型、肉的部位、動物的身體狀況和屠宰方式。[26]年齡較老的動物產出的肉品，顏色往往會比較深。如果動物在屠宰之前，因為長時間的運送或興奮而體溫變得過高的話，肉品往往會出現肉品加工商所謂的深色「火紅外觀」（fiery appearance），也常會在屠宰後散發出酸味。1913年的肉品加工手冊指出，屠宰場「不該屠宰剛經過長途運送或剛在牧場上快速奔跑的所有動物」，此外，「遇到這種狀況時，應該讓動物休息一夜，而非冒著肉品損壞的風險立刻屠宰」。[27]20世紀早期，屠宰場在宰殺動物時使用的方法主要是敲暈動物，但這種方法往往會抑制血液流動並導致肉品變色。1905年出版的另一本肉品加工手冊警告加工商，使用「不當暴力」可能會導致加工商的利潤下降，所謂的不當暴力包括用重棍擊打動物的背，或其他不必要的刺激。加工商應該要促進動物的血液流動，防止肉品變色。[28]

　　肉品加工商和食品零售商將肉品的猩紅色描述為「嫣紅色」（bloom），消費者通常會覺得這種顏色代表肉的品質好又新鮮。但若以肉品暴露在空氣中的時間來判斷的話，這

種「新鮮」的紅色其實並不代表肉品真的是「最新鮮」的。在屠宰場切開牛肉後，牛肉馬上就會變成紫紅色，等到肉品暴露在空氣中15到30分鐘後，切開的肉才會變成「新鮮肉」特有的鮮紅色。接著，牛肉將會逐漸失去嫣紅色，呈現棕色色調。雖然棕色有可能代表肉品因為細菌滋生而腐損，但棕色並不一定代表肉絕對已經變質了。[29]消費者通常不願意購買棕色的肉品，認為這種顏色改變和變質有關聯。[30]

許多因素會影響嫣紅色的消失速度，包括溫度、細菌和氧氣多寡。此外，能影響肉品顏色改變速度的還有光照強度、包裝方法和肉的種類。因此，肉品加工商和零售商很難預測肉品在經過特定處理後會產生什麼樣的顏色變化。[31]在這些變因中，維持嫣紅色的關鍵因素是溫度和氧氣，缺乏氧氣會導致肉品的調色從紅色變成棕色。高溫會使肉品的表面顏色變化得更快。[32]細菌滋生也會導致肉品變色，而細菌滋生的速度也一樣取決於溫度。因此，若想要在切割肉品時抑制細菌滋生並維持鮮紅色的存在時間，肉品加工商就必須嚴格控制冷藏和衛生條件。[33]

肉品包裝商在處理火腿、香腸和培根等醃製肉品時，常會使用食品添加劑來標準化與保持產品的「新鮮」色澤。食品加工商從19世紀開始，在香腸和其他肉製品中添加合成色素。他們也會使用甜味劑來保持醃肉製品的顏色，為成品增加風味。[34]肉品加工商能控制肉品的生理成分和化學成分，

使產品擁有能讓消費者覺得「新鮮」的特定顏色。在控制食品的新鮮度時，額外添加的色素和其他化學添加劑是既穩定又可靠的手段，能使肉製品具有化學上的新鮮度。

雖然食品添加劑可以延長醃製肉品維持顏色的時間，但保持新鮮肉品的顏色卻很困難。隨著銷售雜貨和易腐損食品的聯合商店越來越普及，超市主管也對於肉類和農產品的自助零售系統越來越感興趣。但是，在1940年代之前，只有少數幾間商店以自助服務的方式經營肉舖。[35]紐約的H·B·博哈克公司（H. B. Bohack Company）是1927年最早嘗試以自助服務系統銷售肉品的公司之一。總部位於加州的艾斯潘多拉公司（Espandola），在1930年代也嘗試過自助服務肉品銷售。店裡的屠夫預先切好肉，用不透明的牛皮紙把肉包起來，接著屠夫會稱好重量並標示價格，再將肉放入自助服務的冷藏櫃中。然而這場實驗卻失敗了。這些商店缺乏足夠的冷藏展示櫃，也沒有夠大的展示空間。當時可用的包裝材料無法滿足自助肉品銷售的需求，這些材料無法保持肉品的顏色，也不是透明的——多數零售商都認為這兩者是自助服務不可少的特點。此外，整體來說，多數消費者還不夠熟悉自助服務購物。[36]1930年代，還有一些食品零售商也做了各種嘗試，但他們很快就放棄了自助肉品銷售。

眼睛決定要買單

　　1920至1930年代，越來越多雜貨商把農產品與肉品銷售加入商店內，用各種技術展示「新鮮」的商品。關鍵是把蔬果和肉類當作新鮮的象徵，展示給顧客看。食物的排列方式和嶄新的照明設備，使商店在整體視覺上更具吸引力。

顏色對比與大量展示

　　雜貨商能利用「顏色對比」（color contrast）創造出具有吸引力的農產品排列方式。正如迪普曼在1931年雜貨商手冊中所說的，只要按照「和諧的配色方式」來展示蔬果，這些新鮮農產品的美麗顏色就能「使人食欲大增」。[37]雜貨商的手冊和行業期刊經常為商家提供建議討論雜貨商要如何創造出具有顏色對比的商品展示。1953年，《先進雜貨商》的一篇文章指出，顏色對比有助於「在展示農產品時提高吸引力」：

　　　　擺設農產品時，應該交替放置紅色、白色、綠色和黃色的產品。用紅蘿蔔、生菜、胡蘿蔔、菠菜和芹菜等植物堆疊出窄長的農產品展示，製造出色彩繽紛的緞帶。用同樣的方式排列水果，交叉使用大量的柳橙、葡萄柚、蘋果、檸檬、橘子和梨子，以顏色對比來吸引消

費者的目光。[38]

　　在這些用農產品排列出來的繽紛展示中，脫穎而出的農產品將能為整個商店提供更清新、更明亮的視覺環境。顏色對比不只能使農產品展示顯得色彩繽紛又秩序井然，而且還能區分不同種類的農產品。舉例來說，當店主把紅蘿蔔放在綠色蔬菜旁邊展示時，購物者一眼就會看到蘿蔔。

　　為了有效利用顏色對比，雜貨店會大量展示農產品。擺滿了各色蔬果的展示架和陳列桌，傳達給顧客的印象是商店裡販賣的商品種類繁多、品質優良。店家大量展示當季的柳橙、桃子、莓果或瓜果等季節性蔬果時，會創造「頂峰效應」（peak effect），吸引消費者注意蔬果銷售區或整間商店。[39]一位雜貨商表示，如果他們排列每件商品時「都能以考慮到新鮮度與顏色對比的方法進行大量展示」，那麼顧客就「無法依照自己的意志拒絕購買。」[40]他們會把紅蘿蔔頭正面朝外地堆疊起來，把馬鈴薯圓形那一側朝外地疊成小山，並把這2種植物放在隔壁。他們會大量展示一束束翠綠色的蘆筍，旁邊是堆積如山的白花椰菜，雪一般的白色正好和推在角落的一束束紅色蘿蔔形成強烈對比。[41]在商店中，大量展示色彩繽紛的農產品區往往會脫穎而出，成為新鮮、天然與富饒的象徵。

　　顏色對比在肉品展示中也很重要。雜貨店經常利用綠色的裝飾物和展示隔板在肉品展示櫃中增添鮮明的顏色對比。

許多肉品零售商會使用新鮮的香芹和其他綠色蔬菜作為裝飾物，到了1930年代晚期，他們開始改為使用橡膠製成的綠色隔板，俗稱「橡膠植物」（rubber greens）。[42]這些裝飾品的製造商在推銷產品時，會強調視覺吸引力和銷售吸引力之間的密切聯繫以及顏色對比的重要性。一間生產香芹裝飾物的製造商在1931年的廣告中指出「你得透過眼睛做銷售」：

> 眼睛所看到的一切將會形成銷售的基礎。人們購買的是他們看到的事物——負責做決定的是眼睛。你放在冷藏展示櫃中展示的肉品需要一點春天的嫩綠色來增加「吸引力」。[43]

該公司指出新鮮香芹具有的「春天嫩綠色」能創造出視覺吸引力，並凸顯紅色肉品的新鮮感。雜貨店表示，即使隔板上面放的不是新鮮的香芹，而是橡膠植物，只要能把這些綠色的裝飾物放在紅色與粉紅色的肉品旁邊，就能創造出「新鮮的外觀」和「閃亮動人的樣貌」。[44]一家橡膠植物製造商在1948年於《先進雜貨商》的廣告上寫道，這些裝飾品擁有「來自森林深處的美麗綠色」，能使「肉類閃耀出天然的新鮮感」。這些公司反覆強調用顏色視覺化新鮮程度有多重要：只要雜貨商使用該公司的產品，「眼睛就會決定要買單」。[45]除了紅色與綠色之間的顏色對比之外，陳列不同種類

肉品的方式，不只能使整個展示櫃看起來更明亮、更平衡，也能幫助消費者辨識出不同部位肉品之間的差異，例如偏白粉色的小牛肉放在一側，亮櫻桃紅色的牛肉放在另一側。[46]

1940年代，設備製造商推出裝有鏡子的新展示櫃，使雜貨商能夠比過去更有效率地創造出顏色對比並大量展示易腐損產品。只要在展示櫃的最上方裝設一面傾斜的長鏡子，就能映照出下方的蔬果和肉品，製造出商店擁有「更大量存貨的幻覺」。[47]此外，鏡子還有助於增強「引人注目的顏色對比」。[48]商店可以把放在農產品區和肉舖上方的鏡子調整成適當的角度，把光線反射在產品上，使這些產品看起來更亮眼、更有吸引力。把鏡子擺設在適當的位置是很重要的一件事。商店應該把鏡子掛成怎樣的角度，取決於該銷售區的寬度與鏡子距離地板的高度。在決定鏡子的角度時有兩大目標，一是反射出最多光線在農產品上，二是讓近距離的顧客能看見所有展示中的食物。[49]

現代食物商店在展示生鮮產品時，必須消除容易引起反感的氣味和所有不吸引人的因素。1939年，《先進雜貨商》中的一篇文章建議商家必須消除所有「難聞的、凌亂的、不整潔」的商品特質，例如生肉和魚的味道。[50]只要有幾顆萵苣上有凋萎的葉子，或者有幾株芹菜看起來乾掉了，整個農產品區就有可能直接毀掉了。[51]若想創造出新鮮又促進食欲的吸引力，所有蔬果都應該要乾乾淨淨的，商店必須時常小

心地修整這些蔬果。雜貨商若想提高農產品和肉品展示的吸引力，就應該把顏色不佳的產品從一般銷售區取走，另外放在特價區銷售。[52]**對販售生鮮的零售商來說，判斷食物是否適合銷售的準則變成了外觀，他們得努力在展示食物時向消費者呈現出標準化的「新鮮」外觀。**

明亮的光線，大量的農產品

1938年，新的照明設備革新了美國的食物零售布置。奇異集團用馬自達（Mazda）為品牌名，推出了商業使用的日光燈。馬自達這個名字取自拜火教的光明與智慧之神，阿胡拉・馬自達（Ahura Mazda）。根據奇異集團的物理學家馬修・拉克許所說，較優良的照明設備發展出來後，造成的關鍵影響不但能使增加銷售量，還能促進「人類活動」。[53]他認為在基於科學知識和科技發展出來的現代文明中，較好的視覺環境是必不可缺的一環。正如身兼神祇與燈光品牌的「馬自達」代表的象徵，光明與智慧將會攜手前行。拉克許推動的照明發展以及他對「改善視覺」的重視，都體現了食品零售商正以視覺為中心建構出商店的環境。

零售商不但能利用新的日光燈控制農產品和肉品的顏色，還能利用日光燈向消費者呈現易腐損產品的主要視覺特質：新鮮。在1930年代晚期之前，許多超市都安裝了尺寸過大的常規燈具，通常都是白熾鎢絲燈泡。這些燈光會產生

熱，加速肉品的顏色加深與新鮮農產品枯萎的速度。奇異集
團、西屋電工製造公司（Westinghouse Electric and
Manufacturing Company）和希凡尼亞電力公司（Sylvania
Electric Products）等照明設備製造商投入了許多資源，為雜
貨店與其他企業研發更優良的照明設備。這些製造商在向雜
貨商推銷照明設備時，會告訴他們食物的照明和「銷售員」
一樣重要，這是因為照明能使整間商店更明亮，使食物產品
更加顯眼，進而增加產品展示的價值。[54]奇異集團在1945年
的日光燈廣告中指出：「在銷售的時候，最重要的關鍵就是
『看見』。」[55]感官知覺的控制變成了資本企業在經營過程
中非常重要的一環。

　　日光燈通常會比白熾鎢絲燈更貴。但日光燈也有一些優
點，對肉品與農產品銷售商來說尤其如此：食物變質的速度
減緩，視覺性更好，看起來更鮮豔。由於日光燈產生的熱能
比白熾燈還要少，所以日光燈比較不會使易腐損商品受損。
日光燈的白色光線能使肉品看起來更吸引人。西雅圖的一位
雜貨商告訴行業雜誌《肉品銷售》（Meat Merchandising），
日光燈關上時，肉品的脂肪看起來是「暗沉的黃色」；日光
燈打開時，脂肪變成了「鮮奶油般的白色」，肉品則變成了
「新鮮又促進食慾的顏色」。他於1940年在商店裡安裝了日
光燈之後，肉品銷售量增加了30%。[56]相較於白熾燈，日光
燈的效率較高，使用同樣的電流能產生2倍的光線，持續時間

也是白熾燈的3倍。[57]

雜貨商不但會把日光燈裝在店內的天花板上，也會裝設在展示櫃裡面。肉品展示區的明亮照明能帶出「豐富飽滿的顏色和新鮮肉品的閃耀光芒」。[58]西格冷凍公司（Seeger Refrigerator Company）在1941年的廣告中指出，「新的『日光』燈使（肉品展示）櫃充滿了明亮的光芒，同時這些展示中的食物又不會因此失去顏色」。[59]除此之外，日光燈還會散發出少量的紫外線輻射，抑制細菌在切好的肉塊表面滋生，因而減緩肉品的褪色。研究指出，若冷藏櫃能維持相對低溫（攝氏3.3˚C至4.4˚C）與大約85%到90%的溼度，那麼紫外線輻射就能讓分裝肉品維持「充滿吸引力又容易銷售的狀態」更久，比沒有日光燈的肉品還要多出一倍。[60]

日光燈有許多種顏色可以選擇，比白熾燈多很多。在銷售肉品和新鮮農產品時，選擇正確的燈光顏色是至關重要的一件事。一般房間照明用的普通日光燈裡面還有「過多的藍光和綠光」。[61]舉例來說，標示為「白色」的日光燈會在肉品的顏色尚未改變之前，使肉品看起來比較灰暗。「晝光」色的燈泡打開時顏色比較偏藍，這種燈雖然適合雜貨區使用，卻不適合用在肉品展示區。根據《肉品銷售》所述，雜貨商應該用在肉品展示區的只有「柔白色」的日光燈，這種燈帶有粉色與淡黃色的色調。有些柔白色的燈是特別為肉品展示櫃研發出來的，可以減緩肉品的顏色改變速度，使產品

顯得更有吸引力。[62]奇異集團則推薦商家在肉品展示區使用他們的「豪華冷白色」燈泡。這種燈就像柔白色的燈一樣，帶有粉色色調，能凸顯暖色，例如肉品的粉紅色和紅色。[63]到了1940年代，甚至有些照明廠商特別為食物展示區推出了特定顏色的燈具。[64]

零售商在肉品展示區使用偏粉色的日光燈時，通常會使肉品的脂肪看起來帶有粉紅色。但若用一些紅色燈光替這種白色燈光「調色」，那麼白色與紅色混合在一起的光線將能使肉品變得更好看。有一間食品商店在肉品展示櫃上方裝設了許多懸空的紅色霓虹燈當作識別標示。這些發光的標示不但能告訴消費者肉品的位置，還能在商店中的白色照明中摻入一些紅光，既能凸顯肉品的紅色，又能保持脂肪的白色。另一種在肉品光照中添加一點粉紅色的方法，是在瓷製反射燈罩中或燈泡上塗上紅色的線條。[65]

雜貨商還會用綠色和紅色為日光燈泡上色，或者購買預先上色好的燈泡，藉此放大展示區中的特定顏色，例如蔬菜的綠色或肉品的紅色。[66]奇異集團在1941年的一則廣告中強調，預先上色的日光燈泡能創造出「促進食慾的展示區」。淺綠色的玻璃燈管能使蔬果看起來更加「新鮮冰涼」，淺褐色的日光燈則能為肉品提供「更溫暖、更促進食慾的色調」，[67]偏紅的照明則特別適合在晝光中看起來已經帶有灰紅色的肉品。[68]10年後，顏色顧問霍華·凱奇姆在1958年出

版的書《商業與工業的顏色規劃》（*Color Planning for Business and Industry*）中，也和雜貨商一樣十分強調燈光調色的重要性。矯正顏色的燈光能展現出肉品「令人食指大動的新鮮感與促進食欲」的顏色，使肉品「表現出最優質的樣貌」。凱奇姆說，蔬果會因為燈光而展現出「無比新鮮的外觀」，就好像這些蔬果「還在充滿陽光的花園中生長」。[69] 雜貨商能靠著控制光照使整間商店更明亮，並為生鮮商品創造出「天然」顏色，使蔬果和肉類看起來更新鮮。

　　商店的牆壁顏色會影響到燈光的反射和顏色，也會影響到消費者對顏色的感知。批發肉品店中的「死白色」牆壁會使得肉品看起來像是灰紅色的，這是因為人的眼睛在看過白色的牆壁之後，眼中會留下灰色的殘影。顏色顧問費伯·比倫在1930年代針對新鮮牛肉在不同燈光下顯示的顏色做了研究，並建議商店把牆壁顏色改成土耳其藍色，這種顏色能讓肉品「顯得更加紅潤、更誘人」。[70] 比倫使用功能性的顏色策略幫助雜貨商創造出適合的視覺環境，使商品看起來更新鮮、更促進食欲。比倫和凱奇姆等顏色顧問與雜貨商，都推動了「正確」食物顏色的標準化和正常化。

提升新鮮度

　　若商店想要創造並展現出食品的新鮮顏色，那麼他們不

但要管理好商店的內部擺設，也要管理好食品本身。雖然明亮又乾淨的商店環境能突顯出易腐損產品的新鮮外觀，但明亮的光線當然也有做不到的事，舉例來說，明亮的光線沒辦法使有瑕疵的柳橙看起來完美無缺，也無法把棕色的香蕉變回黃色。採後處理、冷藏技術和包裝材質都能幫助零售商把食物的顏色變得更鮮豔，抑制變質，進而延長食物的新鮮度。

上蠟

1920年代開始，市場的普及與雜貨商的成長使得農業種植者與包裝商必須提供顏色一致的蔬果。農業生產者在寄送產品給全國各地的食品零售商之前，會先進行上蠟等採後處理，這已經變成慣例了。[71]有一些水果表皮具有一層天然的蠟，能防止水分流失，例如柑橘類水果就是如此。但是這層天然蠟表層的功能會在浸泡、清潔和刷洗等包裝過程中逐漸消失。1930年代，農業種植者和包裝商開始使用化學合成物質為柑橘、蘋果、梨子、紅蘿蔔和茄子等蔬果上蠟，這些化學物質大多都是從石油中萃取而來的。[72]1936年，《先進雜貨商》的一篇文章指出，由於廠商發現「在蔬果表層上一層薄薄的蠟能保鮮」，所以「城市的居民很快就能買到自然成熟的蔬果」。這名作者指出，蘋果上蠟之後，擺在架上的時間會比沒有上蠟的蘋果延長3倍，上蠟的柳橙和葡萄能維持

「新鮮」6個月，沒有上蠟的則只能維持6周。種植者可以在番茄還是綠色的時候就摘下來，並靠著上蠟讓這些番茄維持新鮮的時間變成2倍。[73]

商業上蠟的目的是靠著減緩水果的呼吸作用與水分散失，延長蔬果的儲藏壽命。上蠟能為蔬果的外皮添加光澤，減緩腐壞造成的瑕疵，使蔬果的外觀更好看。舉例來說，上蠟能延後綠蘋果變黃、變軟、變酥鬆的時間點。[74]蠟質外層能減緩蘿蔔的糖和水的散失速度，也能減緩黃瓜、多數根莖類植物、南瓜、甜玉米、茄子、甜椒和番茄的萎縮、皺縮和水分散失。[75]上蠟的效果，取決於儲藏區的溫度、蠟的厚度與種類、蔬果摘採時的成熟度、品種和狀態。[76]舉例來說，未成熟的蘋果通常會在上蠟後散發出香味。[77]若農產品種植者和包裝商想要供應顏色一致又鮮豔的產品，並延長產品能放在架上的時間，他們就必須持續且徹底地控制好採收過程。

冷藏

農產品送到零售商店後，若想維持蔬果的品質與新鮮外表，就必須把產品展示區的溼度與溫度控制在適度的範圍。20世紀早期，溫度夠低的冷藏展示櫃還沒有廣泛普及時，雜貨商在維持易腐損食品的低溫和新鮮度時，最佳方法是冰塊和灑水。往蔬果的蒂頭上灑水能避免和減緩這些農產品凋萎和皺縮，增進「顏色和銷售吸引力」。[78]蔬果在熟成的過程

中會不斷釋放出水分到空氣中。散失水分會使蔬果的顏色和整體物理狀況變質。適當的溼度能幫助蔬果保存水分，創造出「新鮮」和「清脆」的外觀。[79]把冰塊壓碎後灑在展示櫃上，再把蔬果放上去，這麼做能保持低溫和溼度，維持「誘人顏色的完整價值」。番茄、綠洋蔥、散葉萵苣、黃瓜和甜椒放在碎冰上時看起來「十分新鮮、充滿維他命又無比可口」。[80]此外，農產品表面上的水滴和下方的碎冰都能提供視覺訊號給顧客，讓他們覺得展示櫃中的蔬果很新鮮。就算在功能較好的冷藏展示櫃普及後，雜貨商仍繼續在農產品區使用碎冰和灑水。

冷藏展示櫃的發展推動了易腐損食品在銷售上的成功，尤其是肉品。1910年代，商業化的冰箱變得越來越常見。這些冷藏櫃裡面會裝滿大量的碎冰和鹽，保持食物低溫。由於這些早期的展示櫃在商店中會占據很大的空間，而且價格昂貴，所以並不適合小型的雜貨商店。[81]1920年代中期，富及第公司（Frigidaire Company）研發出冷凍旋管來取代碎冰、鹽和冰塊儲存槽，讓冷藏展示櫃占據的空間變少。[82]大西洋與太平洋茶葉公司（Great Atlantic & Pacific Tea Company）是美國首屈一指的雜貨連鎖商店，他們在1930年代晚期，率先把魚肉和熟食展示櫃改裝成自助服務的冷藏肉品展示櫃。到了1940年代，設備製造商以A＆P隨機應變做出的展示櫃為基底進行修改，開始製造專門為自助肉品銷售所設計的冷藏

展示櫃。[83]這些製造商在宣傳時，把重點放在這些冷藏展示櫃能使肉品變得更有視覺吸引力、看起來更新鮮。首屈一指的展示櫃製造商哈斯曼公司（Hussmann）在廣告中寫道：「（消費者）能看見他們想要的事物，購買他們看見的事物！」[84]這些製造商強調，視覺性是成功肉品銷售的關鍵因素之一。

1941年6月，大西洋與太平洋茶葉公司在麻薩諸塞州、羅德島州和康乃狄克州的4間商店裡設立了第一批自助服務肉品銷售區，這個新聞「像野火燎原一樣」在美國東北部的雜貨商之間傳開了。[85]一開始，這些區域的銷售方式混合了店員服務與自助服務。每間店裡都會有屠夫在商店要銷售肉品，或者在冷藏櫃展示分裝肉品，在商店的裡間將肉品切塊、秤重、包裝並標價。此外，還會有店員負責協助「自助服務」的區域，監督產品狀況，幫助沒有使用過肉品自助服務的顧客。[86]這種新的營運模式很成功，在試驗的商店中，肉品的銷售量增加了3%。[87]

雖然和其他商店相比，該公司的第一批自助肉品區表現得十分成功，但這間首屈一指的連鎖店仍然必須面對肉品褪色與勞工成本的問題。在戰後時期之前，冷藏展示櫃為食品降溫的效果不夠好，雖然能夠幫助雜貨商延長農產品和肉品放在架上的時間，卻不適合完整的自助服務銷售。在自助服務的開放式冷藏展示櫃中，最適合擺放肉品的方式是重疊2

層，能讓肉品維持在1.3˚C的低溫。不過，在生意比較好的時候，雜貨商會把肉品堆到3至4層高。除非這些肉品很快就賣出去了，否則這樣的包裝肉品高度，會使最上面2層的肉品溫度提高到7˚C至10˚C，導致肉品褪色與縮皺。商店的店員會不斷確認展示櫃的狀況，把褪色的肉品拿走。為了避免肉品的顏色變質，店員得旋轉分裝肉品，因此自助肉品銷售區仍需要有店員持續監督。[88]這就是諷刺之處：「自助服務」其實需要店員提供全面服務。

透明包裝

　　除了適合的冷藏展示櫃之外，雜貨商還需要適合的包裝材料才能維持肉品的顏色，同時這個材料必須強韌到能夠保護肉品。[89]若想要維持肉品的鮮紅色澤，這種包材必須要能夠控制水蒸氣和氧氣的通道、要能夠不沾染味道和油脂，還要能夠包裝溼的產品又不容易受影響。此外，這種包材的價格還必須相對便宜。雖然這種包材應該要避免水分散失，但同時肉品的表面也要保持相對乾燥，避免滋生霉菌。[90]此外，肉品零售商也認為在自助肉品銷售的展示中，透明的包材是「必要條件」，如此一來，顧客才能不需要店內屠夫的「干預」就做出選擇。[91]1940年代中期之前製造出來的透明包裝，都沒辦法滿足自助肉品包裝所需要的所有特質。

　　1908年，瑞士的紡織工程師賈克‧布蘭登伯格（Jacques

Brandenberger）首次發明了透明包裝紙。他用木漿（纖維素）製造出了纖維素膜，將之命名為「玻璃紙」，英文是「cellophane」，源自於「cellulose」（纖維素）和「diaphane」（透明）。1917年，布蘭登伯格把他的專利權轉給法國的「玻璃紙股份有限公司」（La Cellophane Société Anonyme），這間公司成立的目的就是推廣布蘭登伯格的發明。到了1922年，法國製造的400噸玻璃紙中，將近40%都賣往美國。最早開始購買玻璃紙的其中一間公司是惠特曼糖果公司（Whitman's），這間公司用玻璃紙當作巧克力盒的外包裝。惠特曼糖果公司不斷從法國進口玻璃紙，直到1923年，玻璃紙股份有限公司獨家授權給杜邦公司，允許他們在美國製造與銷售玻璃紙。[92]

　　玻璃紙是最早使用在食品上的透明包材。一開始，玻璃紙在銷售與使用上有許多限制，主要的用途是盒裝產品和非食物產品的外包裝。雖然玻璃紙可以防水，卻不能防潮，而食品的包裝需要防止水蒸氣散失，所以玻璃紙不能直接用來包裝食品。此外，玻璃紙的價格高於當時大量使用在食物包裝上的其他軟包材，包括蠟紙、羊皮紙和半透明紙（glassine）。由於這些包材大多都不是透明的，所以杜邦公司在推廣玻璃紙時，便以透明度做為主要賣點。儘管如此，還是有許多食品生產商和零售商因為利潤邊際相對較低，所以不太願意把蠟紙等相對廉價的包材，換成新研發出來的包

材，他們認為原本的就夠好用了。[93]

　　1927年，杜邦公司的化學家研發出防潮玻璃紙。食品製造商開始使用這種包裝紙來盛裝各種產品，包括烘焙產品、起司、切片培根、火腿、香腸和其他醃製肉品。[94]為了向食品製造商推銷玻璃紙，杜邦公司的主管開始強調視覺資訊在銷售食物時有多重要。這些主管在1928年的公司宣傳手冊中寫道，只要使用玻璃紙，消費者就能「一清二楚地看見顏色、尺寸、形狀與質地的所有細節」。視覺吸引力非常重要，這是因為食物的「美味外觀」可以「刺激消費者的味蕾，誘惑他們購買」產品。[95]

　　不過，防潮玻璃紙仍然不是最理想的解決方案。這種玻璃紙材質較脆又不耐低溫，不適合用在自助肉品銷售的展示櫃中。[96]此外，由於這種玻璃紙無法把包裝內的溼度控制在適當範圍內，所以也無法解決肉品褪色的問題。褪色會出現在肉品的底部，也就是和玻璃紙接觸的部位（雜貨商通常會直接用玻璃紙包住肉品，不會把肉放在淺盤裡）。[97]事實上，大西洋與太平洋茶葉公司在1941年首次開始自助銷售時，採取用玻璃紙包裝，讓消費者看見肉品，同時在肉品和玻璃紙之間放一張蠟紙，避免褪色的方式。[98]

　　1930至1940年代之間，許多激烈競爭的化學製造商與包裝製造商都看到了透明包裝紙可能帶來的商業機會。1930年，希凡尼亞工業（Sylvania Industrial Corporation）取得了

比利時的專利，開始製造玻璃紙（杜邦公司的玻璃紙來自法國專利）。1936年，固特異輪胎與橡膠公司（Goodyear Tire and Rubber Company）推出了以橡膠為基底的包裝紙「橡膠膜」（Pliofilm）。其他化學公司也研發出食物包裝用的各種透明包裝紙，包括陶氏化學（Dow Chemical Company）的莎蘭（Saran）、杜威與阿爾米化學公司（Dewey and Almy Chemical Company）的克萊歐瑞普（Cry-O-Rap）和塞拉尼斯公司（Celanese Corporation）的盧瑪瑞斯（Lumarith）。[99]

在透明包材的市場中，杜邦公司占據了相對有利的位置。在希凡尼亞工業推出了玻璃紙後，杜邦公司以專利侵權為由成功控告了希凡尼亞工業。1933年，這兩間公司簽下了合約，杜邦公司出產的玻璃紙在美國的市占率因此達到了80%。[100]固特異輪胎的橡膠膜具有極高的透明度與抗撕裂性，可以在控制水分散失的同時，讓足夠的氧氣穿透，因而保持肉品紅潤。但由於橡膠膜的價格較高，所以銷售量仍比杜邦公司的玻璃紙還要少：1939年，橡膠膜的銷售量大約是玻璃紙總銷售量的2%；到了1949年，橡膠膜的銷售量只上升了4.4%。[101]儘管這些包材為許多食品提供了兼具保護與透明度的包裝選擇，但沒有任何一個適合用在自助肉品銷售的包裝上。

把新鮮包裝起來

　　1940年代早期，儘管多數商店都沒有取得適當的冷藏技術和包裝材料，但易腐損食品的自助服務銷售仍然不斷成長。二戰導致的勞力短缺，推動了零售商店中的自助服務與半自助服務。當時幾乎所有屠夫都是男人，許多屠夫和肉品零售店員都去從軍。其他人離開肉品產業，在高薪的戰爭工廠中取得工作。許多雜貨商都認為，自助銷售能有效地解決雜貨業中的勞力短缺問題。[102]一直到戰後時期，多數肉品銷售區才變成了自助服務模式。但在戰爭期間，許多商店主管都在肉品與農產品銷售區推出了不同形式的自助服務。[103]

　　二次大戰後，冷藏技術的突破推動了自助肉品銷售的普及。在戰爭期間，許多物資短缺，不少工廠都在生產戰爭物資，冷藏展示櫃的生產量因此下降了，但在戰爭結束後，設備製造商重新開始製造自助肉品展示櫃，並積極推廣這些產品。[104]在戰後時期，最早開始推廣相關設備的其中一間公司是佛列德利奇冷凍公司（Friedrich Refrigerators, Inc.）：「放進佛列德利奇浮空冷藏櫃裡的肉品不但會顯得更好看，也會賣得更好。」這則廣告強調了視覺性和顏色對比在肉品展示上的重要性，還附上一張彩色圖片，呈現各種不同部位的肉品與綠色裝飾物放在冷藏櫃中的樣子。[105]1940年代晚期，杜邦公司的科學家研發出了氟氯烷（Freon）作為公司主要使用

的冷媒，氟氯烷能在經過壓縮機與蒸發的過程中吸收與釋放熱能（氟氯烷在室溫下是氣體，在低溫時是液體）。使用氟氯烷的開放式冷藏展示櫃，能維持在足夠低的溫度（低於4.4°C），能以更有效率的方式維持肉品的顏色，而且也能維持得比以前更久。[106]顧客在走到開放式冷藏櫃前時，可以俯視這些排列整齊的分裝肉品，能在一定的距離外觀察肉品，也能選擇較好看的分裝肉品再靠近觀察。

新的透明包裝研發出來後，推動了商店建立完全自助服務銷售。1946年，杜邦公司終於推出了具有高透氧率的防潮玻璃紙，能使用在自助肉品銷售上。[107]這種玻璃紙的其中一面是抗水的硝化纖維素塗層。商家會用沒有塗層的那一面（也就是會濕的那一面）包住溼潤的新鮮肉品，這一面會吸收肉品表層的水分，有塗層的外側則能防止水分蒸散出去。這種玻璃紙的兩面都具有適當的透氧率，能防止鮮紅色的肉變成褐色，讓肉塊維持嫣紅色。[108]除此之外，這種新的玻璃紙對肉品銷售區來說還有其他優點，例如透明、方便使用、適合用在各種大小的肉塊上，而且價格低廉。這種玻璃紙具有抗撕裂性，因此消費者在拿起玻璃紙包裝的肉品時也不會損傷到肉品。[109]

杜邦公司的主管認為，肉品與其他食物產品在自助銷售方面越是普及，玻璃紙的銷售量就會提高。在1930至1940年代，杜邦公司在廣告中推廣使用玻璃紙的優點時，不斷重複

強調自助銷售能帶來的好處。為了說服商店經營者使用自助銷售，杜邦公司發表了許多市場研究，也為雜貨商和食品業出版了許多小冊子，例如《新鮮蔬果與自助服務肉品的銷售潮流》（*Merchandising Trends in Fresh Fruits and Vegetables and Self-Service Meats*）。[110]杜邦公司的高階主管向員工強調，他們該做的不只是推廣玻璃紙，也要推廣自助服務。[111]這些成長中的製造商銷售技術，使自助服務成為可能，而自助服務不但對雜貨商有益，也能為這些製造商帶來商業上的益處。

1950年代中期，自助肉品銷售區的數量出現迅速增長。1946年，只有28間超市設置了自助肉品銷售區；到了1956年，大約有1萬7,000間商店都為分裝的新鮮肉品提供自助銷售服務，這個數字超過了全美超市數量的一半（下頁圖7.2）。到了1950年代末，自助服務變成了美國超市在銷售肉品時最具代表性的方式。[112]

冷藏技術與包裝材質的創新，也使得食品零售商能將農產品預先包裝好，以自助服務的方式銷售。在戰爭期間，超市經營者開始實驗販售預先包裝好的蔬果。[113]1944年，率先採用自助服務的大西洋與太平洋茶葉公司在俄亥俄州的哥倫比亞市設立了一間實驗商店，研究怎麼做才能延長易腐損產品放在架上的時間。在農產品銷售區中，預先包裝的產品和自助服務一直都不是主要的銷售方式，但到了1950年代早

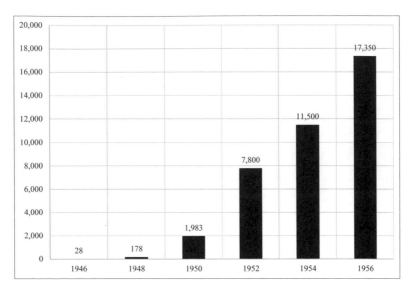

圖7.2 1946年至1956年，設置自助肉品銷售區的超市數量。**資料來源：**Sam Teitelman, "SelfService Meat Retailing in 1950," Journal of Marketing 15, no. 3
(January 1951): 309; Facts in Grocery Distribution (New York: Progressive Grocer, 1960).

期，美國超市中有將近45%的農產品銷售區，其運作方式都是以自助服務為基礎。[114]

　　負責包裝農產品的大多都是零售商，而不是農業種植者或加工商。一箱箱的農產品送進了超市的包裝室後，超市店員會在現場分類、修剪、清潔與包裝這些產品，他們通常會使用防潮玻璃紙與其他透明包材。就較大的產品與形狀不規則的產品，使用一整張的玻璃紙包裝較小的產品則裝進玻璃

紙袋中，需要特別保護的產品會先放進淺盤中，再用玻璃紙包裝起來。包裝好了之後，店員會將產品一一秤重，標上價格並放進紙箱裡，接著把紙箱送到零售樓層，把商品放進自助服務的冷藏展示櫃中。[115]有些農產品需要額外的設備進行處理，因此不會在零售商店包裝，例如清洗過的菠菜和混合的沙拉用蔬菜。這些商品比較適合在種植者或加工廠那裡以較大的規模進行包裝。[116]

1940至1950年代，農產品預先包裝的最大挑戰是如何讓農產品在包裝中保持品質。有些商店收到了顧客的抱怨，說分裝農產品的品質不穩定，讓他們很失望；消費者也指出，甚至有些分裝產品的外觀不夠好看。[117]雜貨商手冊和行業雜誌都建議零售商在包裝農產品時，只選擇品質最頂級的產品，藉此確保分裝農產品的品質，並同時警告零售商，若消費者發現分裝產品的品質不如預期的話，他們就不會再相信雜貨商了。[118]隨著商店開始使用透明包材，消費者在判別農產品品質時的主要感官變成了視覺，對他們來說，越來越難靠著質地與氣味判斷農產品的品質。開始有消費者會在產品外觀不佳時提出抱怨，如今他們已經不能像以前一樣，靠著其他感官確認商品的品質了。

雜貨商一般都認為相較於銷售無包裝的大量蔬果，銷售分裝蔬果比較好：浪費較少、利潤較高、服務較快。[119]消費者和店員的粗心動作往往會損傷到沒有包裝的蔬果。舉例來

說，消費者常會把萵苣丟回展示櫃中，使葉子散開、脫落或褪色。若把萵苣一株一株分裝在袋子裡，萵苣就比較不會因為消費者與零售商的拿取而損壞。[120]在伊利諾州貝爾維爾市的一間超市指出，在分裝之前，萵苣的損壞率是11%，他們開始把每株萵苣分開包裝後，損壞率下降到了2%。[121]

商品損壞數量下降與較好的外觀，代表的是較高的利潤與銷售數量。雖然無包裝的農產品價格較低，但大致上來說，預先包裝的蔬菜銷售量往往會超過無包裝蔬菜。[122]德州維契托瀑布市的一間超市在1946年開始採用自助服務銷售預先包裝的農產品，短短數個月內，超市的農產品銷售額就從全店銷售額的12%上升到20%。[123]根據1954年的調查，明尼蘇達州的一間商店在完全轉變為自助服務的方式銷售分裝農產品後，農產品銷售額在全店銷售額中的百分比平均增加了2.5%。[124]

對客戶來說，自助銷售的預先包裝農產品能帶來的另一個優點是便利，[125]分裝的蔬果比較容易攜帶和儲存。他們也不需要在購物時等待店員替商品秤重和標價。他們有充足的時間站在開放冷藏展示櫃前面，在許許多多充滿吸引力的農產品中比較與選擇他們想買的產品。[126]除此之外，他們也不需要趕著在農產品一大早剛送進商店時跑來購物。商店進行了包裝與冷藏後，就算顧客晚點來購物，這些商品也一樣能保持「新鮮、爽脆又健康」，就像早上剛送來時一樣。[127]消

費者若沒有要使用整株蔬果，只是使用一部分的話，還可以把剩下的蔬果放回包裝裡，冰進冰箱中。許多市場研究都指出，相較於無包裝的零售蔬果，消費者比較喜歡預先包裝好的農產品。根據其中一項研究指出，受訪女性中將近90%會選擇購買包裝在透明包材中的番茄，而非無包裝的番茄。[128]

　　1940年代晚期至1950年代，自助服務的農產品與肉品變成了許多超市的常態，這種新型零售系統改變了顧客對食物新鮮度的理解。店員與顧客之間的互動減少了，同時消費者可以在觀察展示櫃中的鮮豔農產品與肉品時，獲得農產品新鮮程度的視覺資訊。[129]自從1920年代開始，消費者就因為自助服務商店的內部結構改變，而能夠自由地在店內四處逛。肉品與農產品的自助服務銷售方式，使得顧客在購物時不再需要依賴生鮮產品的專家。在肉品販賣區，負責秤重和包裝肉品的屠夫和「女性包裝人員」通常都改為在裡間工作，顧客不會看到他們。[130]原本負責銷售農產品的店員如今的主要工作也變成了預先包裝農產品，他們通常會在商店後方一間特別設計的房間裡包裝產品。[131]超市的勞動力幾乎完全從顧客的眼前消失了，如今只剩下大自然的富饒產品，這些產品經過了現代科學與技術的調色，在商店的預先包裝與排列下，成為方便顧客購買的樣子。

視覺環境對於消費者的影響

　　現代超市源自於雜貨店在結構與科學上的創新，而這些創新則來自**商店要銷售「新鮮」給現代消費者的需求**。零售商在自助服務銷售的區域展現食物的新鮮度時，最關鍵的因素是顏色、視覺順序和整潔度。消費者不再需要和屠夫交流，他們如今可以隻身一人在走道中來回走動，觀察那些切好後包裝在玻璃紙中並且標好價格的肉品。產出這些美麗包裝的勞動過程消失在顧客眼前。肉品變成了一種魔術。

　　新鮮的視覺感知和摘採時間的關係越來越遠。顧客看到閃亮的番茄和鮮紅色的肉品時，會用這些產品的**外觀**來判定品質，他們判斷品質的關鍵不再是番茄在多久以前摘下來，或肉品在多久以前切下來。雜貨商在大量展示這些顏色鮮豔又一致的食物時，會系統性地使用有效率且不變的方式控制展示品，並因此建構出一種有關新鮮的特殊美學，讓顧客覺得**新鮮代表的是明亮、衛生與豐富**。對視覺的強調以及不討喜氣味的消失，變成商店成功營運的必要因素。

　　現代雜貨店變成了一個冰冷的地方，而且這種冰冷不只是因為新的冷藏系統而已。包裝與設備的技術發展使得雜貨商得以建立嶄新的零售系統，不只改變了向消費者販賣與展示食物的方式，也改變了商店的視覺環境。透明的包裝為消費者提供了更好的視覺性，同時也讓零售商能為易腐損食品

控制並維持一種標準化的「新鮮」外觀。新式玻璃展示櫃中的明亮燈光和鏡子，能創造出櫃子裡有大量新鮮產品的錯覺。冷藏展示櫃也讓雜貨商能夠延長農產品與肉品的新鮮度。新鮮不再是一種食物的天然狀態，而是生產商和零售商在標準化的衛生環境中小心翼翼控制出來的狀態，而這種狀態將為商店製造出適合行銷的商品。易腐損食物的天然之美與豐富度逐漸變成了新鮮的象徵，消費者在挑選食物時也越來越依賴自己的眼睛，不再需要店員的協助。這樣的發展反過來使得食物的視覺吸引力，取代了顧客與店員之間的關係，也逐漸建立起人與商品之間的關係，因而加強了食物交易的商品拜物主義。

第八章

對天然的重新想像

Reimagining the Natural

戰後時期，美國文化在世界舞台上扮演起舉足輕重的角色，食物文化尤其明顯。20世紀中期，令人眼花撩亂的食物產品、家用品、廣告、好萊塢電影和流行音樂變成了美國資本主義勝利的象徵，當時的美國副總統理查‧尼克森（Richard Nixon）在1959年莫斯科的廚房辯論（Kitchen Debate）上就是這麼說的。[1]新的消費文化崛起，與此同時，二戰後的美國經濟也出現了空前的成長，這兩者從根本上改變了美國人的消費方式與消費的內容，也改變了消費者對自己的想像。

並非所有人都毫無異議地認為新便利時代的來臨不會帶來任何後果。自從1950年代開始，就有許多文化評論家、學者和記者反對美國富裕的概念，他們堅持要逆轉社會與個人的富足帶來的影響，這些人包括約翰‧肯尼斯‧高伯瑞（John Kenneth Galbraith）、凡斯‧派卡德（Vance Packard）和貝蒂‧傅瑞丹（Betty Friedan）。[2]高度工業化的食品生產與加工逐漸普及，這種發展就像是「社會弊病」的縮影：同性質的食物產品裡面充滿了化學物質，巨大的超市裡塞滿了沒有盡頭的貨架，貨架上是五顏六色的包裝帶和封進塑膠裡的食物，而食物系統則為了最佳化的效率與生產率而使環境與消費者的健康面臨風險。[3]

哈維‧利文斯坦（Harvey Levenstein）在1933年針對美國食品歷史的研究中寫道，自1940年代開始，農業生產和食

品加工對合成化學物質的依賴達到了前所未有的高峰，隨之而來的便是「美國食品化學的黃金年代」。[4]二次大戰之前，美國才剛找到方法進行合成肥料的經濟生產。為了增加農產品產量，農夫使用的化學物質劑量達到了史上新高。畜牧業者開始為動物施打抗生素。食品製造商開始利用各式各樣的化學添加劑延長食品擺在架上的時間、使食物的質地更耐久，並為食物創造出誘人的外表。1940年至1950年間，許多產業報導和行業雜誌都堅持這些化學物質對農業和食品加工業來說具有經濟上的必要性。[5]

在1950、1960與1970年代，許多不同的團體都為工業化的食品製造和食品消費提出了替代方案；許多參與反主流文化運動的消費權益行動主義者和青壯年，都反對食品業界的壟斷情況，積極提倡社會大眾購買他們心中的「天然」食品。這些人追求的是學者沃倫・貝拉史柯（Warren Belasco）所說的「負責任的資本主義」，指的是企業在營運的過程中不得剝削消費者和勞工。[6]立法機關試著用新的方法規範食品添加劑的使用（有時他們會為此和企業合作）。色素製造商和食品加工廠發現有越來越多人開始質疑化學添加劑的普及，因此開始改變食品顏色的管理策略，試著使用天然食用色素。消費權益行動主義者、政府和公司對替代方案的研究，重新塑造了社會對「天然」的認知。

各界都有人反對使用合成食用色素，包括有機食品支持

者、環保主義者、記者、科學家、學生和家庭主婦。這些人的行動變化多端，有時非常分散，行動與行動之間鮮少會出現關聯。此外，這些活動的主張往往也各不相同。舉例來說，積極支持有機食品的人不一定會參與反主流文化的運動。不過，這些人全都很擔心工業化的食品生產和化學添加劑的大量使用，會對人類健康和自然環境造成何種後果。許多消費者團體都變成白宮倡導嚴格食品安全政策的重要渠道。[7]

顏色的戰爭

自1940年代開始，大量的預煮食品和分裝食品湧入了美國人的廚房中，這些食品從蛋糕預拌粉到冷凍濃縮柳橙汁，從加工起司到懶人電視餐，應有盡有。食譜和女性雜誌的頁面上點綴著亮黃色的罐頭鳳梨切片、繽紛的吉露點心、點綴了糖漬櫻桃的沙拉和飽滿翠綠的罐頭豌豆。二次大戰後，冷凍食物的銷售量迅速增加。[8]雖然冷凍食品在1920年代就已經開始販售了，但由於早期的冷凍食品價格偏高，食品商店和一般家庭又缺乏冷藏設備，所以冷凍食品一直到20世紀中期才進入大眾市場。[9]到了1955年，在一般家庭的食品消費額中，商業製造的加工食品就占了將近40%。[10]

1955年，一本雜貨業的行業雜誌針對戰後美國的新食品消費模式做了概述，作者指出這些調理食品「就像有女傭和廚師

在提供服務一樣」，能讓家庭主婦在準備餐點時更便利。[11]包括食譜作家與雜誌編輯在內的家政顧問與食品廣告商，都把這種便利的概念描述成創意烹飪與現代生活的標誌。他們強調，使用這些方便的分裝產品並不代表家庭主婦很懶惰，這些產品反而能幫助家庭主婦展現出充滿創意的技巧，讓她們能夠提供更有營養也更多樣化的餐點，同時還能避免失敗。家政顧問與廣告商都讚許這些產品象徵了自由：耗時的雜務終於消失了，輕鬆烹飪的新時代來臨了，消費者能買到的食物幾乎無窮無盡，其中也包括非當季的農產品。[12]

加工食品是化學合成物帶來的產品，是實驗室中發明的產物，加工食品主要是由人造原料做成的，這些人造原料包括色素添加劑、人工調味、防腐劑和蛋粉。加州大學（University of California）的食品科學家戴維斯（Davis）在1957年的國會聽證會上主張，「使用化學添加劑能帶來大量機會」，原因在於這些添加劑使消費者更願意接受食物的各種特質，包括顏色、味道和質地。[13]合成食用色素是尤其關鍵的一種原料，用色素製造商的話來說，合成食用色素能「為我們的日常飲食增添生命力與熱情。」[14]有了合成食用色素，食品製造商才能創造出標準化食品顏色的美麗新世界。

在人工原料的使用量出現大幅增加的狀況下，部分化學物質導致了嚴重的健康問題——我們在第三章曾提到哈維・威利在1900年代觀察到類似的問題，但1950年代的問題規模

比當時還要大得多。1950年的秋天，許多小孩在吃了猶他州鹽湖城的蜜糖公司（Sweet Candy Company）製造的橘色萬聖節糖果後，出現了腹痛的症狀。[15]糖果工廠的員工也回報說他們的手和脖子出現了「發癢的疹子」。[16]1955年12月，將近200人在吃了紅色的爆米花後感到身體不適，絕大部分都是小孩。[17]食品藥物管理局的科學家斷定在這2起案例中，導致身體不適的是糖果和爆米花中的合成色素：FD&C橙色1號和FD&C紅色32號。這兩種合成色素是1938年的《食品、藥品與化妝品法案》認證可以用在食物上的色素。[18]橙色1號是當時使用範圍最廣泛的色素之一，使用這種色素的商品包括無酒精飲料、糖果、烘焙產品和肉品。紅色32號則是佛州和德州為柳橙調整顏色時使用的主要色素。[19]

　　20世紀中期，各式各樣的媒體上除了有搶眼的包裝和無所不在的廣告持續強調便利性之外，也出現了各種針對未知原料的質疑，這些原料包括合成色素和其他化學物質。1950年代早期，《紐約時報》上有一系列報導都在質疑政府過去認證的色素是否安全。[20]瑞秋・卡森（Rachel Carson）在1962年出版的書《寂靜的春天》（Silent Spring）中描述了化學肥料（尤其是DDT）對環境和人體的危害。[21]羅德爾（J. I. Rodale）讚賞《寂靜的春天》是曠世傑作，並透過他的雜誌《有機園藝與耕種》（Organic Gardening and Farming）提倡有機食物對健康的益處。[22]營養學家阿黛爾・戴維斯

（Adelle Davis）譴責加工食品：「過度加工且過度精緻的美國飲食中充滿了無酒精飲料、糖果棒和『快速補充能量』的穀物，這些食物『當然』和我們的健康沒有關係。」[23]食品技術和食品科學的進步，終究還是造成了逐漸增高的健康風險和環境惡化。

　　包括科學家、食品製造商和化學物質供應商等主流權威人士輕視消費權益行動主義者、作家和環境社運人士，並稱他們為「怪胎」和「瘋子」。當時在市調公司「食品與藥物調查實驗室」（Food and Drug Research Laboratories）工作的生化學家伯納德・歐瑟（Bernard L. Oser）致力於推動食品安全，用歐瑟的話來說，許多企業主管和科學家都因為「駭人聽聞的誤導式資訊」而感到非常沮喪。[24]此外，當時社會大眾對天然和有機食品的興趣也沒有顯著增加。事實上，羅德爾的生意慘澹，他的雜誌《有機園藝與耕種》一直到1969年才獲得大量的讀者。[25]

大眾對相關議題的反動

　　大約在1970年代初期，出現了一系列的環境意外，其中包括了1969年的聖巴巴拉市漏油事件、針對DDT的大量新聞，以及食物、化妝品和藥物中的化學物質導致的健康問題，這些事件引起了社會大眾的注意，也推動了政府制定法規。1971年，羅德爾登上了《紐約時報雜誌》的封面，該篇

報導的主題是有機食品「在當時的流行程度」。[26]1972年，聯邦政府禁止農業使用DDT。在1962年至1972年這10年間，《有機園藝與耕種》的讀者增加了超過一倍。[27]天然食品產業慢慢發展了起來，在加州和科羅拉多州尤其明顯，這樣的發展吸引了新世代的潛在企業家和客戶加入了反主流文化運動。舉例來說，1971年，加州大學柏克萊分校（University of California, Berkeley）的畢業生愛莉絲・華特斯（Alice Waters）在柏克萊市開設了帕妮絲之家（Chez Panisse），使用在地種植的農產品製作餐點。她的「加州美食」幫助社會大眾扭轉了對有機食品的印象，從平淡無味變成了時尚、愉悅且美味。[28]雖然有機食物的市場仍然很小，但越來越多人開始提倡與主流食品系統不同的替代方案，其中以參與反主流文化運動的學生與專家為主力。

這些行動者用食物的顏色來代表他們的政治主張：豆子、糙米和黑麵包變成了「反精緻美食」的象徵。[29]20世紀早期至中期，白吐司的大眾形象出現了巨大的變化，尤其是那些大量生產又預先包裝在塑膠袋中的白吐司。在20世紀的頭數十年，白吐司和塑膠袋都象徵了科學進步和現代性。自從1830年代開始，包括席維斯特・格雷姆（Sylvester Graham）在內的一些人開始推廣飲食革命，強調全麥黑麵包的營養價值。[30]但專業烘焙師、碾磨業者和營養師都主張單純的白麵包具有較高的營養價值。20世紀早期，吃白麵包和

常見的白色食品，都象徵了體能上的優勢和對他人的控制，其中也包括了移民的美國化。[31]

在1950年代晚期與1960年代，越來越多人不信任企業操控、化學添加劑和食品的一致性，白吐司的視覺影響激起了越來越嚴重的負面反應。20世紀中期的著名市場調查人員恩斯特‧迪希特在1956年的一項調查中指出，土司的白色不只代表了平淡無味，同時也表示缺乏感知方面的吸引力。迪希特表示，研究中的調查對象常會強調白吐司和手作吐司帶來的感知體驗有何差異，尤其是在柔軟度和風味上。[32]如果土司的顏色「太白」（其中一位受訪者用的形容詞是「顏色蒼白」），受訪者會把這種白色連結到缺乏營養，就算土司充滿了人工添加的營養也一樣。一位受訪者認為：「土司的顏色太白了，就好像所有好的營養都在碾磨的過程中消失了。我覺得（麵包師傅）一定會使用很多乾燥原料或替代原料，就是奶粉或類似的東西。」[33]事實上，麵包師傅會移除掉所有帶出顏色的原料，把剩下來的麵粉漂白，再添加防腐劑和穩定劑，避免土司褐色或壞掉。[34]迪希特的多數調查對象都因為白色看起來缺乏視覺吸引力又沒有營養，所以不願意把白吐司放在餐桌上招待客人。[35]《時尚雜誌》（*Vogue*）的編輯黛安娜‧佛里蘭（Diana Vreeland）曾在1960年代表示：「吃白吐司的人都沒有夢想。」[36]

2012年，政治學者亞倫‧博布羅－史卓（Aaron Bobrow-

Strain）在描述白吐司的歷史時提到，白吐司變成了「美國所有問題的象徵。」[37]20世紀晚期，塑膠逐漸變成了大眾消費、人造品和浪費的象徵，白麵包則變成了「塑膠食物」的典範。[38]與普遍觀點相反的是，黑麵包本身的顏色並不足以讓消費者覺得商品具有營養價值。麵包製造商有時會添加食用色素，讓麵包的顏色看起來更深，進而使得消費者覺得麵包具有的營養超過原本的含量。1976年，《消費報告》（*Consumer Reports*）中的研究指出，無論麵包是白色的還是深色的，它們的營養價值都算不上特別優秀。[39]儘管營養價值沒有太大的差異，新世代的美食鑑賞家仍然認為顏色較深的麵包就是比較天然、可靠又時髦，而白麵包代表的則是平淡無味、人工操控和一致性。[40]

新的食品調色制度

聯邦政府在1950年代開始重新審視食品安全法規。1950年6月，國會指派了一個專門委員會負責調查食品與化妝品中的化學成分，名叫德拉尼委員會（Delaney Committee），名字來自委員會主席紐約議員詹姆斯・德拉尼（James J. Delaney）。此委員會在1950年至1953年間，多次針對農藥殘留和食品添加劑的潛在致癌風險召開聽證會。德拉尼委員會和隨後成立的數個國會委員會為了規範化學物質，對1938年的《食品、藥品與

化妝品法案》提出多個修正案。[41]國會為了管制食品製造與食品加工使用的化學物質，通過了一系列的法案，包括1954年的《農藥化學物質修正案》（Pesticide Chemicals Amendment）、1958年的《食品添加物修正案》（Food Additives Amendment）和1960年的《危險性物質商標法案》（Hazardous Substance Labeling Act）。

德拉尼委員會的聽證會、食物中毒事件和媒體上的廣泛宣傳，促使食品藥物管理局的科學家著手開始重新評估已核可的那些色素。在1955年至1960年間，聯邦政府禁止廠商把11種合成色素用在食品上。[42]以1957年為例，政府在該年取消了4個色素的核准資格，分別是FD&C黃色的1號、2號、3號和4號。[43]黃色3號與4號的禁用，對酪農業和人造奶油製造商來說是非常迫切的問題。他們在為天然奶油、起司和人造奶油調整顏色時，這兩種色素是非常重要的原料，可以製造出漂亮的黃色。[44]1950年代，包括威斯康辛州、麻薩諸塞州和紐奧良市等多個州政府和市政府都提議要禁止香腸和火腿等加工肉品使用的合成色素。[45]

橙色1號與紅色32號──也就是在1950年代早期導致糖果和爆米花事件的色素──也變成了科學調查的對象。研究顯示，這兩種色素都會對實驗動物產生有害的影響，包括體重減輕，有些動物甚至因此死亡。[46]儘管柳橙種植者一直堅持紅色32號只會停留在果皮表面，但另一項研究指出，把這

種色素用來調整柳橙的顏色時，色素會穿透果皮。[47]此外，研究也清楚指出廠商用來為柳橙調色的另一種色素FD&C橙色2號具有毒性。[48]1955年11月，衛生教育福利部（Health, Education, and Welfare）的部長馬里昂·佛森（Marion B. Folsom）下令把這3種色素從核可色素清單中刪除。[49]

色素製造商、食品加工商和柳橙種植者都因為這3種色素被取消認證而勃然大怒。1956年2月，由大型色素公司組成的合法色素工業委員會（Certified Color Industry Committee）在聯邦法院提出申訴。[50]在CCIC佛州柑橘交易所、其他位於佛州與德州的柑橘合作社，以及柑橘染色流程的發明人法蘭克·謝爾也跟著CCIC的腳步，提出了另一次申訴。[51]對色素製造商與食品製造商來說，橙色1號的經濟價值格外重要：1955年生產的橙色1號有15萬5,000多磅，價值大約58萬2,000美元（換算後是2018年的550億美元），這些橙色1號幾乎全都加進了食品中。[52]

色素製造商比較不擔心禁止紅色32號與橙色2號的法規，這2種色素的市場價值和生產量都比橙色1號還要低，但是，佛州柳橙商卻因為政府禁止這2種色素而覺得受到威脅。這項法令不只會使柑橘的調色過程在法規與安全上倍受疑慮，也代表他們以後不能繼續使用加色步驟了。沒有其他替代的色素能取代紅色32號與橙色2號為柳橙調整顏色。[53]

在1950年代，柳橙調色在佛州已經變得非常普及了。在

1952年至1953年的產季，佛州最大的其中一間加工廠出產的柳橙中，有95%以上都經過了調色。[54]佛州柑橘交易所的主席認為「視覺吸引力」是佛州種植者「在銷售時的最大優勢」：「畢竟其他產業都可以為馬鈴薯、維他命片和糖果調色了，為什麼就只有柑橘不行？」[55]謝爾也抱持著同樣的主張，他說柳橙調色是「使柳橙品質穩定的必要因素之一」，全美國的柑橘產業都必須依賴調色，它不只能使「柑橘產業發展繁榮，更會影響到這個產業的存亡」。[56]柳橙種植者都認為只要柳橙不是橙色的，消費者就不會購買。他們認為農產品和其他加工產品（例如維他命片和糖果）沒有太大的區別，因此政府應該允許柳橙調色。我們可以從他們的論點看出來，在創造出橙色的果皮時，引導政治權力的能力是非常關鍵的要素。

食品藥物管理局的部分官員也同樣認為消費者會極度抗拒購買成熟但果皮仍是綠色的柳橙，他們因此覺得調色步驟具有「經濟上的必要性」。[57]在佛州柑橘種植者與加工商的抗議之下，國會在1956年7月通過了法案，允許柑橘種植者在1959年3月之前仍能使用紅色32號為柳橙調色，並利用這段時間試驗替代的調色方法。[58]此法案的支持者在維護柳橙調色步驟時指出，只要使用的色素夠少，消費者在吃下這些柳橙時就不會有受到傷害的風險，因此應該把這種色素視為「無害」。[59]

　　柑橘種植者和化學公司攜手合作，想用新的色素「柑橘紅2號」（Citrus Red No.2）取代原本使用的色素。藥理學研究顯示，柑橘紅2號有可能會致癌，但只要使用量夠少就會是安全的。[60]國會在1959年暫時允許業界使用柑橘紅2號，前提是只能把這種色素用在柳橙的果皮上。[61]柑橘種植者不但因此獲得了政府對色素安全性的背書，也因為這種色素而獲得了經濟上的益處。柑橘紅2號的「著色能力」遠比紅色32號更好，只需要紅色32號的五分之一，就能使水果呈現出同樣的顏色。[62]

　　政府官員不一定認為食品調色這個行為本身是摻假，他們反而認為色素是讓食品製造與食品行銷成功的關鍵。1959年，美國農業部科學家約翰・馬徹特（John R. Matchett）說色素是「高品質的其中一個重要面向，能使食物變得好看。」他指出：「我們根深柢固地認為食物的顏色與品質之間的關係密切，以至於我們以人工的方式為食品調色，為的就是使食物符合我們的預期。」[63]政府官員和科學家就像柳橙種植者和食品加工商一樣，都在努力尋找解決方案，希望能在食品加工的過程中留下食品調色的步驟，同時解決合成色素造成的健康問題。

　　不過，政府科學家和企業領導人對「無害」的定義莫衷一是。色素製造商堅持，只要實際添加在食物中的色素量不會危害人類健康，就算實驗動物攝取較大量的色素後會造成

有害結果，這種色素也應該是無害的。[64]在1958年接任佛森位置的衛生教育福利部部長亞瑟‧弗萊明（Arthur S. Flemming）對「無害」的理解則比較嚴格：無害，指的是無論添加多少色素都不會對健康造成危害。[65]1958年，最高法院針對使用紅色32號為柳橙調色一事做出判決，支持弗萊明對無害的定義。最高法院的大法官認為，「無害」一詞代表的是只要色素會在任何劑量上造成傷害，就不能使用，就算市場上的商品使用的劑量不會造成危害也一樣。[66]

色素添加劑修正案

然而，數位眾議院議員都主張這種「無害」的定義是有問題的，他們擔心這種嚴格的要求會使得市場上能使用的合成色素變少，導致食品製造商與色素製造商倒閉。[67]國會因此在1960年通過了《色素添加劑修正案》（Color Additives Amendment），對「無害」給出新的定義，這個新定義是色素製造商與食品加工商構思出來的，對他們有利。[68]在新法案的規範下，只要色素添加劑在適用範圍與核可劑量內使用起來是「安全且適當的」，它們就是「無害」的。其中只有一個例外：此法規採納了德拉尼委員會的建議，規定廠商不得添加任何會致癌的色素添加劑，無論劑量多少都一樣。[69]

1960年的修正案通過後，食品藥物管理局就必須開始調查市面上所有色素的安全性，就連1938年的法案核可的色素

也一樣要調查。政府空出了2年半的過渡期，將色素添加劑（天然色素與合成色素皆包含在內）列入「臨時清單」中，等待必要的科學調查完成後再做出有關安全性的判定。[70]一旦食品藥物管理局確認涉入某個色素添加劑是安全的，這種添加劑就會被列入「永久清單」中，[71]如果色素並非無害，食品藥物管理局就會禁止食物使用這種色素。

　　1960年的修正案把食用色素分成了2類。合成色素被歸類成「須認證的食品色素添加劑」。食品藥物管理局要求製造商每產出一批色素就要提交一份樣本，就算這些色素已經列入了永久清單也一樣。合成色素的製造條件和加工過程有可能會導致色素中摻進雜質。如果某一批色素沒有達到該機構的純度標準，這一批色素就無法取得販售核可。另一個類別的色素是「無須認證的食品色素添加劑」——大部分都是所謂的天然色素。這些色素仍須經過該機構的初步調查，才能在上市之前獲得核可，列入永久清單中；但在這之後，色素製造商就不需要再提交樣本做進一步的調查。有一些天然色素（例如胭脂樹萃取物和辣椒）不會受到任何限制，還有一些天然色素（例如類胡蘿蔔素）是廠商在添加進食物中時不得超過最高的限制量。[72]

　　政府把核可清單中的色素刪除，不只是出於安全考量，也有一部分的原因在於經濟。根據1938年的法案，食品藥物管理局有責任對色素做測試，證明這些色素有沒有毒。用在

食品上的添加劑種類繁多，政府機關不可能把每一種添加劑都拿來研究。1960年的修正案則指出色素製造商才是必須負責證明色素無害的那一方，他們必須把安全試驗的結果送交給食品藥物管理局，之後才能把色素賣進市場中。[73]安全測試需要高額的金融投資。色素製造商通常只會把使用範圍最廣又幾乎沒有替代品的色素拿去申請進入永久清單中。[74]最重要的是，他們必須一邊控制利潤、效率與便利性，一邊控制安全性，在這兩者之間取得平衡。

1965年，食品藥物管理局禁止了臨時清單中的9種色素後，合成色素的總生產量就出現了顯著的下跌：從1964年將近900萬磅的產量，下降到1967年的370萬磅（其中包括了用在食品、藥物和化妝品中的色素與染料）（下頁圖8.1）。雖然生產量在1968年開始上升，但大致上仍維持在1950年代早期的產量。[75]1980年，永久清單中核可的合成色素數量下降到了6個（1950年的數量是19個）。[76]以1976年9月為例，當時政府下令要取消槽製炭黑（channel black）和紅色4號的核可。槽製炭黑這種色素常會使用在各種糖果和點心上，例如黑色的糖豆、乾草和化妝品。[77]食品藥物管理局在1964年就因為潛在的健康風險，而把紅色4號從核可清單上移除了，但在罐頭業的強烈反對聲浪下，政府答應要把禁止的時間延後1年，並且只允許廠商把這種色素用在酒漬櫻桃的調色上，[78]如今這2種色素都必須從市場上消失。

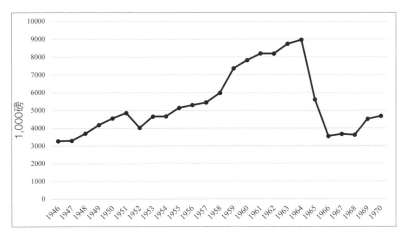

圖8.1　美國在1946年至1970年核可的色素產量。此數量包含了使用在食品、藥物和化妝品中的色素。
資料來源：Annual Reports of the Federal Security Agency (Washington, DC: Government Printing Office, 1946–1952); Annual Reports of the U.S. Department of Health, Education, and Welfare (Washington, DC: Government Printing Office, 1953–1970).

消費權益行動主義

在1960至1970年代，消費權益行動主義者提高了聲量，反對廠商使用合成色素與其他食品添加劑。拉夫·奈德體現了那個時代的消費權益行動主義，當時社會大眾的生活因為繁榮的經濟、食品和化學工業的擴張，以及公共政策而出現了徹底改變。奈德是律師、作家與消費權益行動主義者，他公開指出政經系統如何體現了消費者文化帶來的負面影響，尤其是汽車和食品業的安全問題。他以重要遊說者的角色，推動立法機關通

過一系列的消費者保護法規，包括1966年的《國家交通與機動車輛法案》（National Transportation and Motor Vehicle Safety Act）、1967年的《批發肉品法》（Wholesale Meat Act）和1967年的《批發家禽法》（Wholesale Poultry Act）。奈德善用自己的評論技巧，又組織了數個消費者團體，成員包括法律系學生志願者、科學家和律師，成為最早把自己的社會批評轉變成消費者運動的人之一，而他推動的消費者運動一直延續至今日。[79]

消費者團體的其中一個永久目標是把市場上的合成食用色素消滅掉。奈德要求食品藥物管理局針對色素做進一步的調查。[80]他的研究團隊在1970年出版了《化學盛宴》（*The Chemical Feast*），批判食品加工商為了滿足消費者的需要，「在各種方面以錯誤的方式利用現代的化學、包裝與銷售技術。」[81]自願幫助奈德的生物學家麥可・傑克柏森（Michael F. Jacobson）和另外2名科學家共同成立了消費者團體「公眾利益科學中心」（Center for Science in the Public Interest）。傑克柏森對所有食用色素與其他常見的食品添加劑做了科學研究。[82]他在1972年出版的《食用者文摘》（*Eater's Digest*）中揭露，有非常大量的食品中都添加了合成色素。[83]奈德和傑克柏森都在報紙、電視節目和雜誌上公開指出食用色素會對健康造成危害。

消費者因為奈德和傑克柏森在出版品與抗議活動中說的

話心生警覺，寄出了「數千封」信件到食品藥物管理局去。[84]1971年，一位來自俄亥俄州克利夫蘭的女性寫信給食品藥物管理局：「我聽說紅色的食品染色不安全。我要怎麼知道我吃的櫻桃吉露和草莓吉露到底安不安全？我必須知道答案。」[85]食品藥物管理局收到了非常多類似的質問。還有人在信中附上了一些引用奈德說詞的新聞報導，要求食品藥物管理局針對食用色素提供更多相關資訊。[86]食品藥物管理局的職員再次強調市場上的這些食用色素是安全的，並指出這些色素已經接受過政府的科學調查。[87]但是，社會大眾普遍對食用色素的安全性抱持不確定的態度。

1960至1970年代，歐洲人對化學食品添加物的質疑聲浪也迅速增加。但是在歐洲的部分國家中，食品藥物管理局對食品添加劑的規定普遍來說更加嚴格。1954年，美國獲得核可的合成色素有19種，西德核可的則是22種，瑞典26種，瑞士28種。[88]英國雖然在1973年通過了新的食品調色法規，但准許使用的合成色素仍比美國多：英國准許的添加劑有16種，美國則是12種。[89]

歐洲經濟共同體（European Economic Community）的成員國在1962年採用E編號（E number）分級系統規範色素添加劑。歐洲經濟共同體的法規會為每一種食品添加劑提供一個編碼，編碼是由「E」這個前綴字母和3到4個數字組成，舉例來說，莧菜紅是E123（在美國是FD&C紅色2號），酒石

黃是E102（在美國是FD&C黃色5號）。[90]若食品中含有添加劑，製造商就必須在標籤中寫明添加劑的E編號。哪些食品可以使用哪些E編號的添加劑，則依照各國政府的規定。立法者制定E編號系統的目的，是希望能確保食品添加物的安全性，並讓消費者也能清楚了解食品中有哪些添加劑。但是，食品上的E編號也同樣表明了該食品中添加了許多消費者不熟悉的化學物質。對許多消費者而言，E編號上的「E」代表的是「Evil」（邪惡），而不是一種安全的保障。[91]

紅色恐慌

1960至1970年代間，紅色2號變成了最具爭議的食用色素之一。當時聯邦政府禁止使用的合成色素有許多種。其中一個具有重要商業價值卻鮮少有新聞媒體注意到的，是使用範圍極廣的食用色素FD&C紅色1號，食品藥物管理局在1960年通過《色素添加劑修正案》的數個月後，取消了紅色1號的核可。[92]另一方面，紅色2號則引起了長時間的大量關注。由於消費權益行動主義者的強烈反對以及媒體的大幅報導，紅色2號變成了一種象徵，這個色素代表了有害的原料、大型食品企業對消費者健康的漠視、食品藥物管理局在執行公共衛生政策時的無能行為，以及企業和政府之間的緊密連結。拉夫・奈德透過他的政策反抗團體健康研究小組（Health

Research Group），針對合成食用色素進行大量的反對活動。健康研究小組的第一場抗議是為了對食品藥物管理局提出請願，希望食品藥物管理局能禁止企業使用紅色2號。他們在這場抗議中公開批判企業不該在大量食品中頻繁使用這種具有潛在毒性的添加劑。[93]

過去將近70年來，政府官員和食品製造商一直認為紅色2號是最安全的食品用合成色素之一，這也是聯邦政府在1907年最先核可的其中一種食用色素。[94]1967年，在使用於食品的眾多合成色素中，紅色2號的使用量幾乎達到了總量的35%。[95]對食品製造商來說，這種色素具有許多經濟和技術上的優點。紅色2號價格低廉且品質穩定，其顏色是偏藍的紅色，其他紅色食用色素則是偏藍的粉色、偏黃的紅色和偏橘的紅色。[96]由於紅色2號的顏色特別，所以食品製造商在許多產品中都添加了紅色2號，包括無酒精飲料、果凍、糖果、烘焙產品、蛋糕預拌粉、早餐麥片、冰淇淋、醋、香腸和火腿等加工肉品。[97]這種色素不但能使食品呈現紅色與粉紅色，還能使白色的魚變得更白。[98]

對「紅色2號」的質疑

1950年代，紅色2號的安全性首次受到質疑。實驗室的一次測試顯示，有少數幾隻吃了這種色素的母老鼠罹患了乳癌，患病比例比控制組還要高。做為回應，食品藥物管理局

用800隻老鼠做了後續的實驗，最後發現這種色素「對於腫瘤的形成沒有顯著影響」。[99]然而另一組科學家在1956年於羅馬的國際研討會上發表了與食品藥物管理局的實驗截然相反的結果，他們說這種色素疑似是致癌物。[100]

CCIC注意到紅色2號可能會從名單中消失後，在1965年12月提出申請，希望能讓紅色2號獲得永久認證，指出這種色素使用在食品上絕對安全。[101]紅色2號顯然是許多色素公司的重要收入來源。[102]部分大型製造商靠著紅色2號賺進的收入，高達總銷售額的25%。[103]由於紅色2號能使用在許多種食品上，所以食品製造商認為紅色2號是製造產品時必不可少的原料。在1960年至1970年間，因為食品業對紅色2號的需求極高，導致紅色2號的生產量變成了2倍。[104]

1970年，在蘇聯的調查人員回報紅色2號的測試結果後，這種色素對健康的風險引起了廣泛的關注。其中一項研究主張，紅色2號對實驗室老鼠的生殖器官有害，其他研究則指出這種色素是致癌物。[105]食品藥物管理局的官員認為蘇聯的實驗可信度「極低」，拒絕接受他們得出的結論。[106]1971年春天，食品藥物管理局要求政府的科學家賈桂林·韋瑞特（Jacqueline Verrett）重新檢驗紅色2號。[107]儘管韋瑞特發現這種色素並非無害，但食品藥物管理局卻拒絕把她的實驗結果當作最終結論。[108]另一位食品藥物管理局的科學家湯瑪斯·柯林斯（Thomas Collins）做了進一步的研究，結果顯示

紅色2號會導致老鼠胚胎死亡。數個月後，另一組科學家向食品藥物管理局表示，紅色2號的數據「不太樂觀」，並建議當局禁止企業把紅色2號用在食品上。[109]

食品藥物管理局陸續收到多份對紅色2號的不利報告，有些來自食品藥物管理局內部，有些來自外部，最後食品藥物管理局在1971年9月宣布限制紅色2號的使用，[110]食品加工廠和色素製造商立刻開始抗議。其中一間參與抗議的公司是七喜公司（7-Up Company）的附屬企業「沃納詹金森公司」（Warner-Jenkinson），這間公司也是紅色2號的主要生廠商。沃納詹金森公司最擔心的是禁止使用紅色2號會影響到其他食用色素的使用，還會威脅到整個食用色素產業。通用食品公司的企業研究副理克勞希（A. S. Clausi）告訴《紐約時報》的記者：「我們現在只剩下3種可以使用的紅色色素了，如果他們禁止了紅色2號，我們將會面臨沒有紅色可用的窘境……從靈活度的角度來看，這種發展對企業有害。」[111]對食品製造商與色素製造商來說，紅色2號在商業上的重要性，使它變成了食品調色業的未來象徵。

消費權益行動主義者也同樣不滿意食品藥物管理局的決定：他們希望政府不只限制紅色2號的使用，而是應該完全禁止使用。健康研究小組推動全美各地，聯合抵制所有使用紅色2號調色的食品和化妝品。[112]健康研究小組也要求食品藥物管理局徹底取消這種色素的核可。其他消費權益行動主義者

則批評食品藥物管理局偏袒食品業，並堅稱政府必須完全禁止這種紅色色素。[113]《消費報告》雜誌在1972年刊登了紅色2號的報導，主張政府應該禁止廠商使用紅色2號，直到完整的研究結果出來為止。[114]

為了對紅色2號做進一步的研究，食品藥物管理局成立了特設委員會，成員是5個民間的顧問科學家，其中也包括了食品保護委員會（Food Protection Committee）的主席。食品保護委員會是一個與產業界關係密切的非營利、非政府組織。該特設委員會要求柯林斯用新的實驗方法重新做一次胚胎毒性測試。在檢視了3項新的研究後，委員會成員在1973年判定實驗結果並未表明紅色2號具有毒性。食品藥物管理局想要依據這些實驗將紅色2號列入永久清單中，堅稱那些有關潛在危害的數據不夠明確，不能用來要求政府把紅色2號列入禁止清單中。[115]

在食品藥物管理局提出要把紅色2號列入永久清單後，通用食品公司便重新開始使用紅色2號了。另一方面，納貝斯克公司（Nabisco）則永遠禁止公司在產品中添加紅色2號。通用磨坊宣布，他們公司會等到爭議解決後再恢復使用紅色2號。越來越多消費者與食品製造商表達了他們對紅色2號的安全性懷抱的憂慮與混亂，在這段期間，紅色2號的產量從1970年的150萬磅下降到了1975年的90萬磅。儘管如此，紅色2號的年產量仍舊帶來了400萬美元以上的直接銷售額，至少有價

值100億美元的食品都使用了這種色素。[116]

　　在食品藥物管理局宣布他們打算准許業界使用紅色2號後，許多消費權益行動主義者都開始呼籲社會大眾，希望能阻止政府核可紅色2號。[117]健康研究小組檢視了食品藥物管理局過去用不同的安全性計算方法做的生殖研究，指出對懷孕的女性來說，紅色2號的安全劑量非常、非常低。[118]食品藥物管理局中也有些科學家不同意食品藥物管理局的決定。先前曾對紅色2號做過研究的食品藥物管理局科學家賈桂林·韋瑞特表示，過去「有大量證據表明應該要禁用這種色素」。韋瑞特說，食品製造商認為「放在盤子上的餐點必須看起來像是畢卡索的畫作才能賣得出去，就算這盤繽紛豔麗的菜餚最後會殺死你也沒關係。」[119]她在1974年與其他人合著《進食可能會危害你的健康》（*Eating May Be Hazardous to Your Health*），並在書中記載了紅色2號與其他化學添加物會導致的健康風險。[120]次年，位於紐約市的非商業性質廣播電台WBAI用該書的書名做為節目名稱，找韋瑞特做了一集訪談節目，其他來賓包括公眾利益科學中心當時的聯合負責人麥可·傑克柏森，以及其他能證明化學添加物具有危險性的科學家與律師。[121]

禁止使用

　　食品藥物管理局不斷延後針對紅色2號做出決定的時間，

這使得消費者團體越來越憤怒。[122]根據健康研究小組的律師所說，食品藥物管理局並沒有暫時在市場上禁止紅色2號，而是在並未做出有效決定的狀況下，允許美國人繼續把市場上那260萬磅的紅色2號吃下肚。另一個消費者團體也指出，食品藥物管理局是因為食品業發動了「有組織的閃電戰」，所以不斷拖延立法限制紅色2號的時間。[123]美國審計總署（General Accounting Office）、國會審計處和政府調查機構在1975年提出一份報告，指控食品藥物管理局的拖延已經「對公眾健康造成了不必要的風險」，並要求食品藥物管理局立刻決定是要永久允許紅色2號還是要禁止這種色素。[124]消費者團體的批判、政府機關的評論和媒體的大量報導，不但公開指出紅色2號的潛在健康風險，也對食品藥物管理局保護公眾健康的能力提出了質疑。

1976年1月，食品藥物專員亞歷山大・施密特（Alexander M. Schmidt）終於宣布，聯邦政府將會禁止紅色2號的使用——食品藥物管理局首次收到紅色2號會帶來健康危害的報告已經是20幾年前的事情了。[125]在施密特宣布禁用之前，食品藥物管理局提出了長期研究的結果，他們在這個實驗中餵食老鼠紅色2號2年半的時間，結果顯示大量食用紅色2號的母鼠中，有三分之一都罹患了白血病、腎臟癌、肝癌或肌肉腫瘤。食品藥物管理局在1950年代做的早期實驗中之所以沒有偵測到癌症，是因為該實驗只進行了24個月。[126]

　　然而，食品藥物管理局的科學家在獲得了新的實驗結果後，仍然判定這些數據不夠確鑿。施密特強調，食品藥物管理局認為「沒有證據能顯示紅色2號會造成公眾健康危害」，是因為消費者必須每天喝下7,500罐摻有紅色2號的360毫升汽水，攝取的色素總量才會達到造成危害的等級。[127]部分非食品藥物管理局的科學家對這項長期研究的適當性提出了質疑，他們認為這項研究的處理方式有問題。在實驗過程中，調查人員把控制組的老鼠和其他組的老鼠混在一起。《紐約時報》的記者引用了食品藥物管理局科學家的話，說這項實驗是他這輩子看過的所有研究中「最爛的一個」。[128]儘管食品藥物管理局禁止了紅色2號的使用，但他們仍然不確定此色素會對人類健康造成何種影響。

　　美國有關紅色2號的爭議越演越烈，早在政府禁用之前，紅色2號就已經受到其他國家的廣泛關注。[129]但是，由於各國的科學家在實驗與分析數據時，使用了許多不同的技術方法，所以各國針對食用色素的政策也有所差異。[130]一開始促使各國開始測試紅色2號的蘇聯，依據1971年的實驗，禁止國內使用紅色2號；西德限制紅色2號使用在特定食物上，並在1972年徹底禁止這種色素的使用；[131]法國和義大利規定只能在魚子醬和魚子醬替代品中使用紅色2號；[132]加拿大政府機關則認為紅色2號的實驗數據，沒有確鑿到足以制定法律禁止國內使用，因此允許企業把紅色2號使用在食物上；[133]英國政府

也一樣判定，由於現存的數據不夠令人確信，需要進一步的長期研究，所以國內可以把紅色2號使用在食物上；[134]包含瑞典、丹麥、澳洲和日本在內的國家都允許食品業在食品中添加紅色2號。[135]

政府禁用紅色2號後，食品業的顏色管理方法出現了劇烈轉變。添加了紅色2號的食品被全數召回。食品藥物管理局在1976年7月下令召回6,500多罐薄荷糖。[136]另一間公司則召回了110萬磅以上的糖果。[137]部分食品加工廠直接停止製作紅色的產品。[138]以瑪氏食品（Mars）為例，該公司在1976年直接停止製作紅色的M&M's巧克力。根據瑪氏食品的描述，儘管他們沒有使用紅色2號，但消費者對於紅色2號感到「困惑與擔憂」，因而可能會對紅色產生負面印象，所以公司決定放棄紅色的食品。[139]瑪氏食品停止製作紅色M&M's後，推出了橘色版本取而代之，把橘色、綠色、黃色、淺綠色和深棕色的M&M's放在一起銷售。紅色M&M's在市場上消失了將近10年，一直到1985年才重新推出。[140]通用食品公司過去把紅色2號添加在部分口味的吉露果凍、酷愛飲料（Kool-Aid）和寵物食品中，在紅色2號禁用後，他們轉而開始使用其他紅色色素。亞莫爾公司、通用磨坊和納貝斯克公司也依循前例。[141]

色素製造商和食品製造商因為這項禁令而開發起紅色2號的替代品。製造商在為食物添加紅色時，使用的主要替代色素變成了FD&C紅色40號（又稱做誘惑紅〔Allura Red〕），

這幾乎是製造商唯一使用的紅色色素。[142]不過紅色40號並不是理想的替代品。它比紅色2號更貴：在1970年代中期，紅色40號的價格大約是每磅8.5美元，紅色2號的價格則是每磅5.5美元。此外，紅色40號的色調不是純淨的深紅色。[143]食品加工商抱怨使用了紅色40號後，葡萄汁看起來變得「髒髒的」，很多食物都顯得「比較暗沉」。[144]雖然食品藥物管理局在1971年4月核可製造商在食物上添加紅色40號，但這種色素的安全性仍有待商榷——1971年4月，大約就是政府初次提出要限制使用紅色2號的那段時間。[145]有些國家禁止製造商使用紅色40號。允許國內使用紅色2號的加拿大政府，在1974年裁定製造商不能把紅色40號用在食物調色上，原因在於色素製造商提出的證據不足。[146]到了1980年代晚期，由於美國沒有其他紅色的替代色素，所以紅色40號變成了全美銷售量最大的色素，年銷售量大約是250萬磅。[147]

消費者團體要求食品藥物管理局禁用臨時清單上的各種合成色素。[148]健康研究小組在1971年1月向食品藥物管理局提出申訴，要求食品藥物管理局立刻禁止食品供應商使用合成色素。健康研究小組指出，有些使用在柳橙果皮、無酒精飲料、冰淇淋、熱狗和烘焙產品上的色素會導致癌症與嚴重的過敏，[149]然而合成色素仍然存在於食品市場中。到了1970年代晚期，美國變成了合成色素的最大消費國：1977年，美國使用的合成色素達到了2,300噸；位居其次的是整個西歐，

該區域使用的合成色素量是1,050噸。[150]

想像「天然」

隨著政府核可的合成色素清單不斷縮減，色素製造商和食品加工商也開始靠著重新塑造食品管理策略，來應對他們所謂的「顏色危機」。[151]色素製造商開始嘗試著把主要萃取自植物的天然色素拿來用在商品上。[152]一直到2000年代，食品製造商才開始大量使用天然色素。[153]不過，色素與食品製造商從1950年代開始對天然食用色素興起的興趣，變成了重要轉捩點，推動了食品業改變食物調色的方法。

在20世紀中期之前，製造商最常使用的天然色素是胭脂樹萃取物。酪農業和人造奶油製造商打從19世紀起，就在使用這種色素為天然奶油、起司與人造奶油調色。甜菜製作成的色素是帶著藍紅色調的鮮紅色，可以用在肉品、無酒精飲料和冰淇淋上。另一種廣泛使用在食品中的天然色素則是類胡蘿蔔素，這種色素能使食物呈現亮黃色至橘紅色。類胡蘿蔔素是許多種色素的總稱，這些色素存在於各種植物中，包括辣椒（辣椒紅素）、紅蘿蔔（β-胡蘿蔔素）和番茄（茄紅素）。[154]食品製造商會在許多產品中添加類胡蘿蔔素，包括天然奶油、人造奶油、起司、無酒精飲料、烘焙產品和冷凍雞蛋黃。[155]

　　對色素製造商與食品加工商來說，天然色素的商業使用通常都是不簡單的一項挑戰。色素添加法規使得色素製造商更難以在天然色素中尋求創新。色素製造商必須進行要價75萬美元至100萬美元的昂貴毒理學研究，才能提交一種色素給食品藥物管理局核可。就算公司研發出新的色素也獲得食品藥物管理局的核可，色素製造商仍然必須面對市場上的高度不確定性。原因在於從1960至1970年代開始，食品製造商就比較喜歡合成色素，對天然色素興致缺缺。除此之外，一旦政府機關允許企業使用這種色素，其他製造商就可以直接使用這種色素了，根本不需要實驗支出，也不需要跑監管流程，因此食品製造商幾乎沒有任何動力投資那麼多錢，研發新的天然色素與做實驗。[156]

　　食品業的製造商遇到的則是經濟與技術方面的問題。天然色素的成本相對較高，因而限制了這種色素的商業化。多數天然色素都沒有合成色素穩定：天然色素會因為暴露在高溫、光線與酸性液體中而改變顏色，因此食品加工商與色素製造商都難以運輸、儲存與使用這些色素。此外，天然色素也沒辦法製造出合成色素那麼濃烈的顏色。[157]舉例來說，社會大眾對紅色2號帶來的健康風險越來越擔憂，因此色素製造商與食品製造商把目標轉移到另一種偏紅藍色的天然色素「花青素」（anthocyanin）上，但花青素是一種很難使用的色素。食物的酸性成分和氧化反應都很容易使花青素的顏色

消褪或改變，此外，花青素也會在遇到抗壞血酸（也就是維生素C）時出現化學反應，有許多食物中都會添加抗壞血酸當作抗氧化劑，防止腐壞並保持顏色鮮豔。許多偏藍色與紫色的蔬果中都有花青素，例如葡萄、藍莓和蔓越莓，但在1980年之前，廠商只能從葡萄中萃取足夠多的花青素供商業使用。[158]

為了避開法規，食品加工商在使用蔬果汁為食品調整顏色時，會把這些東西當作「原料」，而不是食品添加劑。「添加劑」和「原料」之間的差異在哪裡，取決於食品加工的程度。商業用的天然色素並不是直接從蔬果裡面萃取出來的原料，而是加工製造出來的產品，舉例來說，為了使天然色素的顏色相對一致穩定，製造商會使用噴霧乾燥，並把天然色素和其他物質混合在一起。一旦果汁經過了加工，就會變成食品藥物管理局法規的規範目標。雖然果汁沒辦法像天然色素一樣，使食品的顏色變得鮮豔又一致，但因為從食品藥物管理局那裡取得色素許可的過程非常昂貴，所以有些製造商會選擇價格比較低廉又能省下繁雜手續的方法，直接使用果汁。[159]

色素製造商希望能利用化學方法製備出天然色素，藉此克服技術上的困難。β-胡蘿蔔素是最早大量人工合成「天然色素」之一。只要化學結構相同，食品藥物管理局就不會在意天然色素是從植物裡萃取出來的，還是用化學方法合成

的。[160]1950年，有3組科學家分別提出了人工合成 β -胡蘿蔔素
的方法，他們使用的方法各自不同：這3組科學家的領導人分
別是瑞士化學家暨諾貝爾獎得主保羅・卡勒（Paul Karrer）、
布倫瑞克科技大學（Braunschweig University of Technology）
的德國化學家漢斯・赫洛夫・殷霍夫（Hans Herlof Inhofen）
以及麻省理工學院的教授尼可拉斯・密拉斯（Nicholas A.
Milas）。 β -胡蘿蔔素的合成產品涉及了不同化學物質（例如
酮類）之間的化學反應以及分子結構的重組。[161]

　　瑞士製藥公司羅氏集團（F. HofmannLa Roche &
Company）在1954年成功大規模製造了可工商用的 β -胡蘿蔔
素。[162] 2年後，食品藥物管理局把 β -胡蘿蔔素加入了核可清
單中，製造商無須另外提交樣本給食品藥物管理局認證，也
沒有最大使用率的限制。[163]羅氏集團在1960年代研發出了 β -
衍 -8' -胡蘿蔔醛（ β -Apo-8'-Carotenal）和角黃素
（canthaxanthin）等類胡蘿蔔素的大規模商業製造方法。食品
藥物管理局分別在1963年與1969年核可製造商在食品中使用
這2種色素。 β -衍-8'-胡蘿蔔醛能使食物獲得類似 β -胡蘿蔔素
的顏色，但濃度更深。這種色素特別適合用來為脂肪與富含
油脂的產品調色，可以製造出比 β -胡蘿蔔素更深的橘色。[164]

　　人工合成的天然色素解決了色素製造商與食品製造商面
臨的許多問題，包括支出、穩定性和顏色濃度。人工合成的
類胡蘿蔔素不會受到食品的酸性成分影響，而且這些色素相

對穩定，因而能放在貨架上的時間也更長。另一個優點是只需要相對較少的色素就能為食品調色，因此這種色素的經濟效益比較高，只要3至3.5毫克的β-胡蘿蔔素就足把1磅的人造奶油調整成理想的顏色。這種色素的成本效益對商業麵包師傅是顯而易見的，他們會用這種色素為餅乾、海綿蛋糕和其他烘焙商品增加黃色與棕色的色調。在為烘焙產品調色時，依照產品類型與麵包師傅想要的顏色深淺，每磅天然奶油麵糊只要花0.02至0.16美分，這樣的價格比麵包師傅以前使用的調色原料（例如香料混合物）便宜將近一半。相較於蛋色素（Egg Shade，一種調合的合成色素），β-胡蘿蔔素的價格比較高，但是支出金額的漲幅非常小，許多烘焙師都把商品中添加的合成色素改成了合成β-胡蘿蔔素。[165]

業界非常相信化學的優點，以至於色素製造商與食品製造商在1960至1970年代淡化了β-胡蘿蔔素等食用色素的天然性。羅氏集團在1964年推出β-衍-8'-胡蘿蔔醛時，行業雜誌《食品工程學》（*Food Engineering*）稱讚這種色素「可能是已知的色素中最有效的一種，每磅的商品只要數毫克，就足以製造出廠商想要的顏色。」[166]羅氏集團強調了這種色素的濃度和穩定性。雖然這種色素不是一般所謂的合成色素，但羅氏集團仍在1964年的一則廣告中說這種色素是「用人工合成方式生產的食用色素」。[167]羅氏集團強調，β-衍-8'-胡蘿蔔醛安全、顏色濃烈、經過政府認證，而且也因為著色能力

好而具有經濟實惠的優點。「若你想要讓食品具有吸引人的豐美色澤，只要在每磅或每品脫的產品中添加2至6毫克的色素就夠了。」廣告上這樣寫道。[168]在1960年的一則紅椒衍生食品廣告中，芝加哥首屈一指的色素製造商威廉・史坦奇公司（William J. Stange Company）用同樣的脈絡指出，他們在製造過程中「控制了產品的顏色和風味」，並靠著「標準化來確保每一批產品都是一致的。」[169]他們完全沒有提到這種色素是天然色素，更沒有指出天然可能帶來的優點。由於天然食用色素的市場仍然很小，製造科技也沒有發展完全，所以「天然色素」代表的是不穩定、更昂貴與缺乏一致性。在那個年代，「天然」還不是一種賣點。

　　色素製造商與食品公司新創造的天然產品，和食物的「天然」狀態相差甚遠。所謂的天然色素是使用高度機械化的步驟製造出來的標準化產品——這些商用「天然」色素和19世紀家庭主婦添加在餐點中的菠菜汁或胡蘿蔔汁截然不同。在生產線中使用自動化的機械和標準化的原料（包括食用色素），製作表現一致的食品具有經濟上的效益。使用新鮮的菠菜汁和甜菜汁替食品調色，比使用商業製造的食用色素還要更昂貴也更耗時。相較於從原型的蔬果開始製作色素，使用標準化的商業色素比較不需要特殊技能與知識。負責調色的人只要測量色素添加劑的必要劑量，加進其他原料中，就能產出相同的結果。標準化的食物也能確保消費者獲

得一致的商品品質。消費者希望無論他們在哪裡、在何時購買早餐麥片，麥片的外觀和味道都應該是一樣的。

事實與多數人的認知相反，天然並不總是代表安全。舉例來說，有些人可能會對使用範圍極廣的天然色素胭脂蟲紅嚴重過敏，[170]但食品調色法規缺乏針對天然色素成分的規範，幾乎沒有毒理學測試能支持天然色素用在食品中的安全性。食品藥物管理局在沒有足夠數據能支持的狀況下，就核可了天然色素的使用，直到2009年國會才通過了一項法規，要求廠商在標籤上標明食品添加了胭脂蟲萃取物。[171]

我們很難在天然和人工之間劃下壁壘分明的界線，這是因為天然是人為操縱出來的產品，也因為消費者願意接受食品具有一定程度的人為加工。包括奈德的健康研究小組在內的多個消費者團體，不斷要求聯邦政府把具有潛在危害的合成色素從清單中去除，但是大致上來說，他們卻沒有要求政府消除「食品調色」這個步驟。只要色素添加劑是無害的，只要產品能帶來便利，那麼人為加工就是可接受的。抗議者和製造商普遍認為食品可以添加天然色素——就算這種色素並不是來自食物也沒有關係。正如我們在前面幾章看到的，酪農業者自從19世紀開始，就為了使天然奶油變成亮黃色，而把萬壽菊和其他橙色色素添加到牛飼料中。聯邦政府判定畜牧業者可以合法把乾燥的藻類加進雞飼料中，使雞皮與蛋黃顯得更黃。[172]以前當然從來沒有哪一隻雞能吃到乾燥的藻

類，但這種人工的「天然」發明幾乎不會引起社會大眾的注意，畢竟消費者確實想要購買雞皮偏黃的雞肉，他們只是不想要思考自己會不會因為吃下這些東西而死罷了。**社會大眾對食品顏色的預期，變成了製造商可以控制的一種外在條件──如今消費者也開始依賴食品的顏色了。**

尋找「天然」的替代方案

　　1960至1970年代，由於新型態政治參與的出現，以及越來越積極參與社會運動的消費者提出的批評，顏色管理變成了食品業的一大挑戰。隨著食用色素等化學物質的使用量迅速增加，新世代的廚師、記者、消費權益行動主義者和天然食物提倡者開始尋找替代方案，取代大型公司大量生產的加工食品。他們公開指責工廠製作後裝進塑膠袋的白吐司和顏色鮮豔的加工食品是一種象徵，代表了大量消費、從眾與霸權企業的力量。那個時代的社會和文化氛圍──包括反主流文化反抗行動、消費權益行動主義以及對替代飲食的新興趣──推動了政府官員和科學家制定出新的食品安全政策。

　　消費權益行動主義的努力推動下，鐘擺開始往回擺盪到比較「天然」的替代食品上，與此同時，企業也開始著手使用天然的資源和方法來取代他們的合成發明。社會與文化方面的評論開始譴責消費者資本主義既浪費資源又不健康，而

添加了合成色素的標準化食品也逐漸變成食品製造商的責任。在1960年的《色素添加劑修正案》通過後，政府核可的色素數量日漸減少，食品加工商開始改變食品管理策略，用商業研發的天然色素進行試驗。

色素與食品製造商、消費權益行動主義者和反主流文化的行動主義者，紛紛以新的形式尋求食品的天然性。這並不代表食品回到過去的狀態，而是社會大眾開始在高度商業化的生產流程與現代科技的進步中，開始重新想像「天然」這個概念。消費權益行動主義者公開指責合成色素並積極推動天然色素，同時又認為只要調色用的物質是「天然」且「安全」的，那麼食品調色就是可以接受的。色素製造商利用化學方法合成「天然」色素，為食品加工商提供了比植物萃取色素更有效率也更經濟實惠的方法為食品調色。另一種為食品調色的「天然」方法，則是使用並非食品原料的各種蔬果汁調整食品的顏色。

「安全」與「天然」的概念，取決於特定的利益與政治決策。我們可以從倍受爭議的紅色2號，看見食品安全議題與法規底下的社會結構與政治協商。雖然美國禁止了紅色2號，但包括英國、加拿大和日本在內的其他國家，仍允許國內的製造商在食品中添加紅色2號。許多科學家對紅色2號的實驗結果都擁有截然不同的解讀，就連食品藥物管理局內部的科學家也秉持不同意見。「安全」和「摻假」的定義取決於科學

數據、企業需求、國家官員對安全的看法、當時的知識水準，以及消費者對天然食物的觀點。社會與政治方面的條件會大幅影響到數據解讀，以及政府如何把實驗結果轉變成商業相關法規。

到了1970年代，天然色素市場仍然無足輕重，然而在這段期間，消費者越來越不相信化學添加物，天然食用色素的科技不斷創新，天然食品的概念逐漸改變，這些變化為天然色素市場與天然食品產業的興起打下了基礎。傳統食物製造商很快就注意到了趨勢改變，開始在廣告中強調「天然」「健康」和「無添加」等詞彙，而這樣的發展又反過來使得天然色素的使用大量增加，改變了食品業的製造策略與行銷策略。如今有越來越多消費者開始向大公司購買「天然」產品，這些公司的規模很大，不輸那些過去販售科學家眼中最可疑、最毒又最人工產品的公司——在許多案例中，前者和後者根本就是同一間公司。儘管「天然」取代了天然，但資本主義仍在繼續前行。

第九章

吸睛，就是吸客

Eye Appeal Is Buy Appeal

在這個色彩繽紛的世界中，我們鮮少會停下來思考食物的顏色。但是，就連我們視為天然的顏色，往往也是歷史建構出來的產品。除非我們是少數能自己為自己種植食物的那群人，否則無論站在雜貨店的哪一條走道上，我們都無法逃離顏色鮮豔又一致的食物，這些食物是農夫、食品製造商和零售商攜手打造出來的。農業種植者和加工商靠著控制熟成過程與收穫季節來掌控蔬果的顏色。對零售商來說，若想保持並呈現農產品與肉品「新鮮」又令人胃口大開的顏色，絕對少不了冷藏展示櫃、商店照明和透明的包裝。食物製造商把大量色素加進了點心、糖果和其他分裝產品中。顏色變成了生產者能夠創造出來的一種食物特質，生產者靠著添加和萃取調色原料來控制食物的顏色，就像我們會在食物裡添加鹽、胡椒和糖一樣，顏色變成了食物的外在特質，而非與生俱來的特性。

食物的顏色不只是一種生理特徵，更是競爭的領域，自然與科技在此短兵相接，商業利益、政府法規與消費者的期待在此互相競爭，味道和視覺在此彼此糾纏。雖然顏色只是食品的其中一個面向，但顏色卻有能力決定食物的可銷售性、促使食品加工者改變製造方法，並使人類感到飢餓（或噁心）。在這個世界裡，吸睛就是吸客。視線與購買如何連結在一起的歷史，能讓我們從新的角度理解消費者資本主義的崛起、視覺性的轉變與「天然」這個概念的變化。

　　本書提出了3個問題，藉此展示了企業、政府與影響範圍較小的消費者和消費權益行動主義者，如何共同創造出食品的顏色，這3個問題是：企業控制食物外觀的方法與原因為何？食品業的顏色管理策略會不會隨著時間而改變？顏色管理對社會與文化造成了什麼影響？食品顏色的控制始於農夫、食品加工商、色素製造商、家電公司和大型化學企業集團共同形成的整個商業生態系統。本書把各行各業與政府機關交織在一起，描述了顏色如何推動人類與食物、與自然、與社會形成連結，以及顏色如何為我們提供了觀看過去與未來的新角度。

　　人們在19世紀最後數十年間開始進行標準化，並在過程中創造出「天然」的顏色。大量製造與大量行銷的策略崛起，食品調色的科技越來越進步，接著，一致性與持續性變成了關鍵要素，農業生產者與食品加工廠努力藉此創造並行銷他們想像中食物的「天然」樣貌。無論季節與產地，所有柳橙都是橙色的，天然奶油一年四季都是一致的黃色，櫻桃口味的無酒精飲料和草莓蛋糕的糖霜變成了相同的紅色。就連自製蛋糕也因為製作者使用蛋糕預拌粉和分裝糖霜，而長得一模一樣。自從20世紀中期開始，標準化、乾淨又鮮豔的大量產品就變成現代超市的常見特徵，超市利用這些特點向顧客呈現「新鮮」的概念。然而，到了1960年代，反主流文化運動、環保主義和消費權益行動主義逐漸興起，食品業遇

到了挑戰。由於製造商添加在食物中的化學添加物達到前所未有的多，再加上食用色素帶來的潛在健康風險，導致社會大眾開始質疑標準化和大量製造的一致性。

　　若想要標準化食品的顏色，就必須引入政治與經濟方面的新權力。美國的聯邦政府與州政府使用立法權力，藉由執行反摻假法、建立食品分級系統以及為特定產品（例如天然奶油）設立顏色標準，定義了市場上的食物應該擁有什麼樣的外觀。農夫和食品加工商為了商業上的利益而強調或淡化（例如加州柳橙的例子）選擇食物時，顏色有多重要。他們的彩色廣告、食譜廣告手冊和流行雜誌提供了強烈的視覺參考給消費者，呈現了食物應該擁有怎麼樣的天然顏色。隨著政治、經濟與科技出現了大幅改變，食品製造商和交易商的利益爭奪，變成了重塑與標準化食品顏色的重要影響因素。

　　標準化的顏色，能使消費者獲得具有品質保證、穩定性與便利性的食品。在19世紀晚期之前，消費者購買食品和進食時的視覺體驗會因為區域、季節與社經地位而出現極大的差異。顏色控制技術與長途運輸系統在20世紀早期至中期出現，越來越多不同的農產品與加工食品被運送到人口更多的區域。雖然許多消費者接觸到的食物數量達到了前所未有的高峰，但食物的感知特質卻被標準化，變得可以預測。消費者買到的蘋果、早餐麥片和人造奶油都是一樣的顏色和一樣的味道。

　　標準化，也使得更多消費者能接觸到「天然」食品。在科學工程和企業行銷實現了知覺的商品化，也推動了產品的消費民主化，使人們接觸到視覺與味覺的新體驗。合成色素的出現，使得製造商有能力以經濟實惠的方式創造出食品的「天然」顏色，擴大鮮豔商品的市場。罐裝食物同時為下層階級與上層階級的消費者提供「新鮮」食物的替代品，一年四季都能買到。雖然黃色人造奶油的味道和質地不同於天然奶油，但人造奶油的出現則使勞工階級的家庭有了天然奶油的替代品。

　　不過，視覺體驗的民主化帶來了不平等的健康風險。包括便士糖果和低階罐頭食物在內的廉價食品，比較容易含有廉價的調色物質，有時這些調色物質甚至具有毒性。當消費者負擔不起昂貴又可靠的食物時，他們的健康就比較容易暴露在風險之中。

　　食品業的顏色管理方法徹底改變的不只是消費者的飲食感知，也改變了消費者購買食物時的感知體驗。雜貨商、家電商和化學公司共同合作，建構出新的視覺環境，傳達有關天然食物與新鮮食物的標準化概念。相較於19世紀的地方雜貨店，1910年代首次出現的現代自助服務商店為顧客提供了色彩繽紛又整潔乾淨的環境。1950年代，自助服務逐漸成為農產品與肉品銷售區的常見銷售方式，成堆的鮮豔蔬果和大量的鮮紅肉品被裝進透明的包裝中，放在冷藏櫃中展示，這些

商品在零售商的持續控制下，為消費者呈現出新鮮的樣貌。

　　消費者在選擇食物時，越來越依賴自己的眼睛，而非屠夫、魚販和農產品銷售員等雜貨店專業人員的協助。購買食品的體驗不再是一種社交上的互動，而是在一排排走道上獨自來回閒逛。魚肉和農產品的專家逐漸轉移到商店的裡間，導致專家的地位逐漸式微。易腐損食物體現的天然之美與豐盛之感，變成了商店的主要展示品。

超越雙眼

　　食品業的顏色標準化，具有非常獨特的歷史結構。食物的顏色、形狀和尺寸在過去並沒有那麼一致。20世紀早期至中期，政府制定的分級制度、大範圍食物分銷與銷售系統，以及市場的擴張共同決定與限制了市場上的食物種類。人們的思考模式經過公司的訓練，把視覺放在最重要的位置——番茄、柳橙、雞肉和許多日常食物的外表都非常吸引人，但這些食物的味道卻遠沒有過去那麼好。**一旦消費者習慣了沒那麼好吃、甚至沒有味道的食物之後，許多消費者開始把淡而無味視為食物的天然味道。**

　　1960至1970年代，針對化學添加物的質疑越來越嚴重，人們對「真正」味道的追求，使得天然食品與有機食品的市場在1980年代開始緩慢且穩定地擴張。天然食品與有機食品

的商店造成相關食品的市場不斷擴張，在全美各地變得普及，這些商店包括了全食超市（Whole Foods Market）、麵包與娛樂公司（Bread & Circus）和野燕麥超市（Wild Oats Markets）等（全食超市最後收購了後2間公司，亞馬遜又在2017年收購了全食超市）。隨著「天然」逐漸成為食品行銷的流行用語，天然開始出現在有機與天然食品業之外的領域，往往和反主流文化運動有關。大型傳統食物公司慢慢接受了「天然」是一種行銷產品的方式，就算是高度加工的食物和工業製造出來的食物，也一樣可以用這種方式行銷，他們只要在比較不自然的成分中添加天然成分，或者使用顯然一點也不自然的加工流程，就能用「天然」來銷售產品。

近年來，「天然」產品往往代表了健康、倫理與利潤。**天然變成了一種可行的商業模式**，一部分的原因在於消費者能夠接受特定類型的人為加工。雖然消費權益行動主義者從1960年代開始批評食品中添加的合成色素，但他們卻沒有要求製造商把市場上的加工食品全數撤回或停止對食品調色，他們堅持的是食品加工商只能用天然色素。到了2010年中期，卡夫食品（Kraft）、通用磨坊和雀巢等大型食品公司開始把產品中添加的色素變成從植物中萃取的色素，而非合成色素。農業生產者也開始改用老方法餵食動物色素等調色添加劑（他們餵食的通常是鮭魚、雞和牛），使肉、蛋和奶油的顏色更鮮豔、更吸引人。使用天然色素並不會破壞製造商

用來製造這些食品的工業加工流程。在食品中添加色素變成很普遍的事，不只食品製造商會這麼做，消費者也會這麼做，只要色素和其他控制產品顏色的方法看起來不帶毒性，操控顏色就是被允許的。如今商店裡販賣的新「天然」食品，已經遠遠不是我們在19世紀晚期食品工業化開始之前吃到的食品了。

　　雖然有一些人的健康意識提高，開始大力反對合成色素，但並非所有消費者都那麼重視「天然」的選項。通用磨坊在2017年9月宣布，他們會繼續在廣受歡迎的早餐麥片「崔克斯」（Trix）中添加合成色素──在這之前，他們暫停在這項產品中添加合成色素1年。用天然色素製造出來的崔克斯麥片看起來不像原本的麥片那麼鮮豔。根據通用磨坊所說，「許多崔克斯的粉絲」都要求公司再次把麥片改回原本色彩繽紛的樣子。在新產品發售之前，通用磨坊在社群媒體上寫道：「你是不是覺得早晨變無聊了呢？我們即將推出的產品將會為你的生活增添一點色彩！」[1]現在市場上有2種崔克斯：加了合成色素和調味的經典崔克斯，以及使用天然色素的新崔克斯。雖然有一些消費者會選擇使用天然色素的崔克斯，但顯然也有一些消費者比較在意的是視覺吸引力，而不會去懷疑原料，對他們來說，鮮豔的色彩仍是重要因素，甚至可能會將鮮豔的顏色視為常態。

　　雖然如今的市場上仍有許多顏色一致又充滿化學物質的

食物，但有些消費者和農業種植者已經對企業訓練出來的視覺提出挑戰。新一代的企業家在2010年中推出了「醜食」（ugly food），專門販賣表皮有瑕疵且形狀怪異的蔬果，例如顏色不佳的蘋果、歪七扭八的小黃瓜和尺寸過大的甜椒。[2] 對「不完美」食品的新興趣，代表的是培養出食物意識的消費者越來越希望買到更天然、味道更好的食物，而不是那些看起來好吃的食物。烹飪美學的意義正在改變，從鮮豔又一致的外觀逐漸變成多樣化的樣貌——這種改變象徵了視覺正往反向教育發展，甚至有可能會使視覺霸權逐漸衰退。在這個曾由視覺統治的領域中，味覺與嗅覺再次出現與之競爭。

食品行銷與消費的另一種方法正在累積能量，主要以城市區域為主。就像自助服務超市崛起前的那個時代一樣，到了21世紀，有越來越多農產品合作社、市政府和其他當地協會開始組織農夫市集，讓消費者有更多機會能和農夫與種植者互動。食品的來源、製造者和製造方法變成了如今非常重要的資訊。就連大型超市也掛上了牌子，在上面寫明種植者與農夫的名字（有時還會附上他們的照片）。然而，消費者對食品的味道與來源雖然越來越重視，但這並不代表食物的顏色不再重要，顏色對於食物銷售與飲食來說依然是關鍵影響因素。雖然鮮豔且一致的顏色無法吸引少數有機食物消費者，但「不吸引人」的顏色反而變成了「天然」且「品質優良」的象徵。

在過去一個世紀以來，視覺性在現代消費者資本主義中，把外觀的重要性變得比其他感官更加重要。在視覺食欲仍然十分強大的21世紀，雖然味覺回歸到市場上，但農業的舌頭仍然比不上經過資本主義訓練的眼睛。就算市場上出現了更多比較美味又不鮮豔的食物，但這些食物仍在和鮮豔的食物彼此競爭，並沒有取代它們。這種感官扭曲是否會有消除的一天，尚有待觀察。

商業與感知

在資本主義發展的商業策略中，食品業對食品外觀的管理，是感官運用的故事中非常關鍵的一部分。自從19世紀開始，各行各業（包括汽車業、化妝品業、時尚產業和盥洗用品業）的產品設計師、製造商和行銷商都希望能吸引消費者的感官，他們開始創造出具有不同顏色、氣味、口味、聲音和質地的商品，刺激消費者的感官欲望。在食品業中，最容易標準化、量產和複製的感官非視覺莫屬。

在許多產業中，如今正不斷成長的是多重感官吸引力，管理學研究者稱之為感官行銷①。熱帶雨林咖啡廳（Rainforest

---

① 編註：即站在消費者的感官、情感、思考、行動、關聯五個形式，重新定義並且設計行銷的思考方式。

Cafe）是一間跨國主題餐廳，開業地點包括美國的11個州、倫敦、巴黎和東京，這間咖啡廳為消費者提供了類似熱帶雨林的各種感知，包括聲音、氣味和光線，就連餐點也具有獨特的味道與風味。豪華飯店則會在大廳和會客室使用獨特的氣味。航空公司在迎接顧客上飛機時會展現與公司主題相關的顏色、燈光、氣味和音樂。行銷人員不但能利用感官吸引力誘惑顧客並刺激他們的購買欲，還能藉此讓顧客把特定的感官和公司形象連結在一起。感官的作用，就像是品牌標誌和商標一樣。

隨著時間推移，商業界創造出一整個全新的感官世界。企業的感官知覺管理變得更加強大、更加有效率，對社會的影響也變得更加廣泛、更加普及。這些感官體驗就像食物的顏色一樣被標準化，並且脫離了時間與空間的背景脈絡。舉例來說，空氣清新劑的廠商創造出「清新的空氣」，也出現許多音樂用「海浪聲」使人放鬆。人造世界就這樣變成了真實世界。人們創造出的這種「天然」來自於他們自己的想像，或者至少是來自企業行銷人員的想像。

讀者可掃描QRcode，下載全書註釋。

致謝

　　研究創造感官世界的歷史，能幫助我們了解人們視為理所當然、看似只與個人有關的事件，是如何深入更廣泛的政治、經濟和社會背景中。本書檢視了19世紀以來消費資本主義興起和擴張中，感官吸引力如何成為關鍵。透過這些發展描繪出感官知覺的歷史，了解社會、文化和經濟的動態變化。食物的顏色就像一扇窗，讓我們能用嶄新的方式**觀看**這個世界。

　　我在德拉瓦大學（University of Delaware）攻讀研究所期間，首次開始探究這個主題。若沒有我的導師提供支持，我不可能繼續這個研究計畫。我要對蘇西・史崔瑟（Susie Strasser）表示最深切的感謝。她的耐心、鼓勵與引導且幫助我克服在方法學與其他方面遇到的許多艱困挑戰。她為我的無數草稿提供評論，引導我尋找新的方向並擴展我的思維。她在學者、教師和女性的角色都是我的榜樣。大衛・伊斯曼（David Suisman）啟發我跳出框架思考，把感官當作歷史產品深入研究。若沒有他的幫助和鼓勵，我當初是不會著手進行這個計畫的。自從我和羅傑・賀維茲在海格雷博物館（Hagley Museum and Library）第一次會面之後，我在這項研究的不同階段都曾和賀維茲進行發人深省的對話，他為我

提供了源源不斷的新想法，打開了一扇大門，讓我通往商業史的新學術世界。沃倫‧貝拉史柯的作品一直是我靈感的泉源，使我能夠以嶄新的角度看待食物。此外，他對我的研究也提出富有洞察力的評論，幫助我加強論點。

在撰寫這本書時，我在哈佛商學院（Harvard Business School）擔任商業史的哈佛紐科門研究員（Harvard-Newcomen Fellow）。傑佛瑞‧瓊斯（Geoffrey Jones）幫助我重新審視和重組了我的研究，他向我保證這個計畫絕對值得我認真研究。我非常感謝他的指導和友誼，他激勵我付出更多努力，設法顧及事件全貌。華特‧弗利德曼（Walter Friedman）幫助我用廣泛的框架重新思考我的研究。我要感謝前紐科門研究員蘿拉‧菲利普斯‧索耶（Laura Phillips Sawyer）、凱希‧盧茲（Casey Lurtz）、潔西卡‧柏區（Jessica Burch）和薇拉莉‧加柯米（Valeria Giacomin）以朋友和學者的身分支持我。感謝哈佛商學院貝克圖書館（Baker Library）的檔案管理員和圖書館員，尤其是勞拉‧林納德（Laura Linard），為我的研究提供了寶貴的資料。

我深深感謝我的朋友與同事幫助我追求學術生涯並在這條艱鉅的道路堅持下去。我的學術之旅始於日本東京大學。我非常感謝我的長期導師矢口祐人，他讓我理解了歷史研究的深度和廣度。若沒有他，我絕對不會成為學者。一路走來，我從導師和朋友那裡收到了許多寶貴的意見和反饋，尤

其是納迪亞・貝倫斯坦（Nadia Berenstein）、瑞吉娜・李・布拉斯吉克（Regina Lee Blaszczyk）、科薩克・佛利希（Xaq Frohlich）、凱希・格里爾（Kasey Grier）、瑞秋・葛羅斯（Rachel Gross）、服部雅子、廣田秀孝、牧田義也、亞文・莫恩（Arwen Mohun）、大衛・希爾（David Shearer）和加琳娜・辛卓亞耶娃（Galina Shyndriayeva）。我對珍妮佛・方范（Jennifer Fang）的感激超過言語所能形容。她閱讀了這本書早期的每一章草稿。她深思熟慮的評論、鼓勵和友誼，使我在研究所的經歷成為我會永遠珍惜的記憶。我也十分感謝京都大學同事們的支持。

我很幸運能在研究和寫書這兩方面獲得資金和機構方面的支持。感謝海格雷博物館的亨利・貝林・杜邦研究基金（Henry Belin du Pont Research Grant）、杜克大學約翰・哈特曼中心（John W. Hartman Center）的智威湯遜研究約翰富爾獎學金（John Furr Fellowship for JWT Research）以及化學傳統基金會（Chemical Heritage Foundation）的研究基金，幫助我對食品歷史和化學工業的研究。史密森尼學會提供2個獎學金使我得以在美國歷史國家博物館（National Museum of American History）、萊梅森發明創新研究中心（Lemelson Center for the Study of Invention and Innovation）、國會圖書館（Library of Congress）和華盛頓特區國家檔案館（National Archives）蒐集大量資料。哈佛商學院的研究和教

師發展部（Division of Research and Faculty Development）在財務上的支持，為我的研究帶來了極大的幫助。感謝京都大學經濟學會慷慨支持本書的出版。

　　我非常感謝圖書館員和檔案管理員，他們為我提供了大量資料。他們對收藏的了解以及對不同研究領域的見解使我的研究更加豐富，也引導我提出新的問題。感謝美國歷史國家博物館的寶拉・費吉歐尼（Paula Johnson）、艾瑞克・亨茲（Eric Hintz）、艾莉森・史賓格勒（Alison Oswald）、喬・赫西（Joe Hursey）、黛博拉・華納（Deborah Warner）、吉姆・羅恩（Jim Roan）和凱・彼得森（Kay Peterson）的幫助。謝謝索思伯勒歷史學會（Southborough Historical Society）的保羅・杜塞特（Paul Doucette）；佛羅里達大學（University of Florida）的吉姆・庫席克（Jim Cusick）和卡爾・凡・奈斯（Carl Van Ness）；南佛羅里達學院（Florida Southern College）的盧安・米姆斯（LuAnn Mims）；加州大學戴維斯分校（University of California, Davis）的約翰・蘇克塔（John Skarstad）；杜克大學（Duke University）的伊莉莎白・貝克（Elizabeth Brake）和琳恩・伊頓（Lynn Eaton）；海格雷博物館的約翰・史卡斯塔（Lucas Clawson）、卡蘿・洛克曼（Carol Lockman）、琳賽・斯札科維奇（Lynsey Sczechowicz）和已故的林恩・卡特尼斯（Lynn Catanese）。

　　當然了，若沒有我的編輯湯瑪斯‧利比恩（Thomas LeBien）和哈佛大學出版社（Harvard University Press），也不會有這本作品。湯瑪斯幫助我用嶄新的方法設想我的研究並將之寫成一本書，更指導我逐步完成出版流程。

　　最後我要感謝我的家人，他們理解我的熱情並幫助我追求我的職業生涯。我的祖母一直格外關心我的健康狀況，她沒有在生前看到這本書出版。我欽佩她的堅強、決心和善良。

　　本書獻給上述的所有人，以及許許多多使我的生活變得多彩多姿的人。

國家圖書館出版品預行編目（CIP）資料

秀色可餐？：所謂的新鮮和健康,都是一場精心設計 / 久野愛著；聞翊
均譯. -- 初版. -- 臺北市：今周刊出版社股份有限公司, 2023.06
　面；　　公分
譯自：Visualizing taste : how business changed the look of what you eat
ISBN 978-626-7266-21-2（平裝）

1. CST: 食品科學　2. CST: 色素

463.12　　　　　　　　　　　　　　　　　　　　　112006413

Wide 009

秀色可餐？

所謂的新鮮和健康，都是一場精心設計

作　　者	久野愛
譯　　者	聞翊均

總 編 輯	許訓彰
責任編輯	陳家敏
封面設計	陳文德
內文排版	家思編輯排版工作室
校　　對	蔡緯蓉、許訓彰

行銷經理	胡弘一
企畫主任	朱安棋
行銷企畫	林律涵、林苡蓁
印　　務	詹夏深

發 行 人	梁永煌
社　　長	謝春滿

出 版 者	今周刊出版社股份有限公司
地　　址	台北市中山區南京東路一段96號8樓
電　　話	886-2-2581-6196
傳　　真	886-2-2531-6438
讀者專線	886-2-2581-6196轉1
劃撥帳號	19865054
戶　　名	今周刊出版社股份有限公司
網　　址	http://www.businesstoday.com.tw

總 經 銷	大和書報股份有限公司
製版印刷	緯峰印刷股份有限公司
初版一刷	2023年6月
定　　價	400元

Visualizing Taste: How Business Changed the Look of What You Eat
By Ai Hisano
Copyright © 2019 by the President and Fellows of Harvard College
Published by arrangement with Harvard University Press
through Bardon-Chinese Media Agency
Complex Chinese translation copyright © 2023
by Business Today Publisher
ALL RIGHT RESERVED

Wide

Wide